食味四季

天津市科学技术信息研究所 编

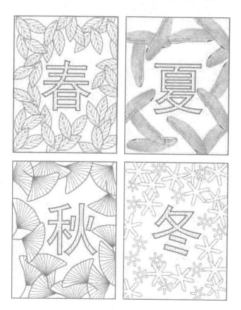

天津出版传媒集团

天津科学技术出版社

图书在版编目（ＣＩＰ）数据

食味四季 / 天津市科学技术信息研究所编. -- 天津:
天津科学技术出版社, 2022.6
　　ISBN 978-7-5576-9404-3

　　Ⅰ. ①食... Ⅱ. ①天... Ⅲ. ①饮食－文化－中国
Ⅳ. ①TS971.2

　　中国版本图书馆 CIP 数据核字(2021)第 117766 号

食味四季
SHIWEI SIJI
责任编辑：刘　磊

出　　　版：天津出版传媒集团
　　　　　　天津科学技术出版社
地　　　址：天津市西康路 35 号
邮　　　编：300051
电　　　话：（022）2333674
网　　　址：www.tjkjcbs.com.cn
发　　　行：新华书店经销
印　　　刷：天津印艺通制版印刷股份有限公司

开本 889×1194　1/32　印张 11.125　字数 210 000
2022 年 6 月第 1 版第 1 次印刷
定价：69.00 元

编委会介绍

主　编

李　娜 ｜ 副研究员、中国优秀科普讲解使者、健康管理师、天津市卫健委科普专家库成员

副主编

李　婧 ｜ 天津市科学技术信息研究所副研究员，长期从事科学普及与科技出版工作，曾获得全国科普先进工作者、天津市科普先进工作者称号

刘　梅 ｜ 《天津科技》主编、副研究员、天津市科技期刊学会理事

陈　佳 ｜ 天津市科学技术信息研究所副研究员，多年来专职从事科普工作，先后主持和参与完成多项国家级基金项目

编　者

王　璐	国家注册营养师、北京大学公共卫生专业硕士
陈培毅	一级营养师、西药师、高级中式烹饪师
杨传芝	二级营养师
程文娟	天津市农业科学院副研究员、植物营养学硕士
陈佳祎	中国农业科学院硕士
崔华威	浙江大学作物学博士、仲恺农业工程学院种科系系主任
黄　璐	资深饮食文化媒体人、高级营养师、高级食品安全管理师
杨玉慧	国家注册营养技师
王潍青	二级营养师
王桂真	高级营养师
林岩清	天津市作协会员、高级政工师
杨静静	江南大学生物工程学院发酵工程专业博士
张文燕	山东大学微生物技术国家重点实验室硕士研究生
李红珠	中国中医科学院博士、副研究员、中国中药协会儿童健康与药物研究专业委员会常委

范琳琳 | 荷兰瓦赫宁根大学食品安全/食品工程双硕士、
二级营养师

刘 静 | 二级营养师、食育教师

谭昭麟 | 山东大学微生物技术国家重点实验室硕士研究
生

李玉竹 | 葡萄牙波尔图大学消费与营养科学硕士

孙 涛 | 二级营养师

前　　言

对待食物的态度，不仅很大程度上决定了我们的生活方式，也于日复一日中对人体的健康状况产生莫大的影响。有人曾算过一笔账：若寿命为 70 岁，一生含水在内的饮食重量可高达 50 吨。这一数字准确与否姑且不论，但可以肯定的是，吃饭这件小事足以对健康这件大事产生举足轻重的影响——除了影响我们生命的长度，也影响生命的质量。

由于经济社会飞速发展，卫生服务水平不断提高，我国人口的平均预期寿命已超过了 76 岁。也就是说，笔者在退休的时候，也只是一条腿刚刚跨入"老年人"的门槛。寿命不断延长是好事，但若是总跑医院，"吃药比吃饭多"恐怕会大大降低我们的幸福感。

如"三高"等绝大多数"慢病"是基因和生活方式互相作用的结果。好好吃饭、合理饮食，不仅是防病于未然的有效手段，也是促进康复、缩短病程、减少医药费，避免"慢病"恶化致残、致死必不可少的措施。

那么，吃得健康是不是就等于食之无味，这也不能吃，那也不能吃呢？对大多数国人来说，日常接触的天然的食物，包括主食、肉蛋鱼、蔬菜、水果、调料，有两三百种。若是能做到食物多样、主副食搭配合理、咸度适当、少油减甜，不仅滋味不错，也可保阖家康泰。

春天的莴笋炒鸡蛋富含膳食纤维和蛋白质，可帮您赶走春困；夏天的一碗冬瓜丸子汤，不仅能帮机体补充充足的水分和电解质，也能为您提供足够的热量，以对抗暑热；秋天的烧鸭腿配糙米饭，可解秋燥，和胃健脾，润肺生津；冬天的白菜排骨杂粮面，能够补充人体必须依靠食物摄入的矿物质、维生素，提高免疫力，避免皮肤干燥。

"食味四季，健康一生"并非一句口号，它是生活本来的样子。愿每位读者都能吃得美味，吃出健康。

李　娜

目　　录

春——生机勃勃

秋——除燥养身

 生 机 勃 勃

阳 光 的 味 道

黄 璐

在中国文化里，天地与阴阳相对应：天为阳，地为阴。一天之中，白天的长短意味着阳气的多寡。《黄帝内经》将"五谷为养"放在首位，以现代营养学的观点来看，谷物——也就是老百姓常说的主食，是人体最主要、最经济的能量来源。从植物学的角度来说，谷物通常是植物的种子，是植物尽心竭力凝结出的最精华部分，记录有生命繁衍的信息。在老祖宗的眼里，这些种子被播撒到地里，因感受到天地的阳气而萌动发芽，因沐浴阳光而生长、开花，结出新的种子。人们吃下这样的种子，也就间接地吸收了天地的阳气，从而实现了天人合一。

不同品种的植物对阳光的需求不同，也就是我们常说的植物有喜阴、喜阳之分。但即便是喜阴的植物，也并非喜欢黑暗，而仅仅是不喜欢阳光直射罢了——散射光能让它们生长得更好。现代科学告诉我们，绿色植物中有机物的形成和积累大部分来自光合作用。因阳光而生的植物为我们提供了种类繁多的食物——鲜嫩的茎叶、多汁的瓜果，以及坚实的种子……

最能说明植物满含阳光味道的例子是番茄。番茄的生长适应性非常强，可广泛栽培于寒带、温带、亚热带和热带。但要想种出"番茄味儿"特别浓郁的番茄，则需要充足的日照时间。我们对比一下全球各地所产番茄的番茄红素含量：我国新疆产番茄为62毫克/100克；希腊产番茄为52毫克/100克；意大利、西班牙、葡萄牙、法国、土耳其、美国产番茄为40毫克/100克。我国新疆产的番茄好吃，离不开当地全年近3 000小时的日照时长。植物生长离不开阳光的另一个例子是：美国佛罗里达大学的一项研究表明，我们通过改变照射光线的波长，可以极大地改变植物的特性，从而使它们的味道变得更好。

从能量流动的角度来说，某种动物吃某种植物或另一种动物时，食物生物量转换为进食者生物量的效率通常在10%左右。也就是说，人们需要花费约5 000千克的粮食才能喂养出1头500千克的牛。若是想养出1头500千克的食肉动物，那么我们需要用5 000千克的食草动物去喂养它。因此，站在食物链顶端的生物，比如人类，一生具体要摄入多少依靠阳光而生的动物和植物，是很难算清的。

还有一种被阳光赐予生命的食材经常被我们忽视，那就是鱼。我们通常因为鱼离不开水而认为鱼不需要光照。但翻开现代渔业养殖技术资料，我们不难发现，无论什么品种的鱼，都需要在开阔、光照充足的水域养殖。究其原因：一则，水生植物需要阳光完成光合作用，以便给鱼提供养料；二则，光照会影响鱼的性腺的成熟和产卵情况，比如文昌鱼、细鳞大麻哈鱼、鲈鱼等。

纵观与人类生存息息相关的农业、牧业、渔业，各种美味食物的生长都离不开阳光。仔细想想，将烹饪好的食物放在采光好的位置，似乎食物也会变得更好吃一些。您下一餐不妨选个光照好的地方来享受餐桌上那些"阳光的味道"吧。

吃出春日免疫力

　　春季万物复苏，细菌病毒也开始活跃，呼吸道疾病进入多发、高发期，免疫力较低的人群易感、难愈。抵御疾病的最优方式当然是预防，提高机体免疫力减少患病概率，即祖国传统医学常说的"治未病"。合理调节日常饮食可以助力我们增强抵抗力。

｜免疫力是什么｜

　　免疫系统是人体九大系统之一，是覆盖全身的防御机制。其功能简单来说是可以识别"自己人"，排除"非己成分"，维持机体生理平衡。免疫系统对外，能够识别和消灭外来侵袭的任何异物（包括病毒、细菌等）；对内，不仅要处理衰老、损伤、死亡、变性的自身细胞，还要识别和处理体内突变细胞和被病毒感染的细胞。毫不夸张地说，免疫系统无时无刻不在"战斗"，而身体的"综合战斗能力"则被称为免疫力。

　　一般情况下，个体免疫系统的功能强弱，取决于遗传基因、饮食、睡眠、运动、情绪、个人卫生，以及是否接触外界环境中的有毒有害物质。免疫力并非越高越好，过高或过低都会对人体造成一定的影响。过高，人体免疫系统可能会引起变态反应，进而容易造成人体发生超敏和感染等，比如花粉过敏。免疫力偏低主要表现为易疲劳、肠胃弱、易感冒、易感染等，进而有疲乏无力、体质虚弱、精神不振、食欲下降等表现。感染一旦恢复较慢，还容易引起多种并发症。所以我们日常保健的目标不是一味提高免疫力，而是要维护免疫功能的正常水平。

| 合理饮食关键在"质"不在"量" |

"兵马未动，粮草先行"。人体免疫系统正常发挥作用，需要有足够的物质支撑、充足的能量供给。人体通过饮食摄取足量且比例恰当的营养物质，才能维持免疫系统的正常运作。因此，树立正确的饮食观念，养成良好的饮食习惯至关重要。

蛋白质、脂肪和糖类并称三大供能物质，与免疫力密不可分。我们熟知的免疫系统常备军——白血球和淋巴细胞，其主要构成物质是蛋白质。当人体内蛋白质不足时，淋巴细胞的数量会减少，吞噬细胞的杀灭能力会降低，机体容易发生感染。干扰素是人体抗病毒的第一道防线，合成时以蛋白质作为原料。感染病毒后，若蛋白质摄入不足，则体内无法完成干扰素的形成。

膳食中增加多不饱和脂肪酸的摄入可以有效增强人体免疫力，如EPA（二十碳五烯酸）和DHA（二十二碳六烯酸）可以减少炎症发生。但是需要注意的是,过量摄入脂肪可能会降低人体免疫力。近年来,德国一所大学发表在《细胞》(CELL)的研究发现,长期采用高热量、高脂肪的饮食方式,会高度敏感地触发免疫体统的炎症反应,进而可能会导致2型糖尿病、动脉硬化,以及其他和炎性反应相关的疾病。

糖类广泛存在于体内,具有免疫调控作用。免疫反应的各个方面均涉及糖的参与。一些研究结果显示,糖及其复合物可以影响炎症反应与肿瘤发生。研究人员发现有上百种食材及中药中含有多糖类化合物,具有免疫促进作用。

人体对维生素和矿物质等营养素的需求量虽然不大,但摄取足量的微量元素对免疫系统同样意义重大。维生素A可维持和修复人体黏液和黏膜的完整性,摄入不足,人体容易受到病毒和细菌的感染。维生素A源的类胡萝卜素可调节免疫系统的T淋巴细胞数量,提升其活性。摄入足量的维生素E,可有效提高老年人的免疫反应。维生素C广泛存在于人体淋巴液和血浆中,属于抗氧化剂,能促进维生素E的活性,持续发挥维生素E的抗氧化作用。维生素C缺乏时,免疫系统中的中性白细胞和巨噬细胞的行动迟缓,杀菌能力下降。

人体缺铁时,经常会伴发感染,同时免疫系统的吞噬细胞的吞噬能力和杀菌功能下降。缺硒时,吞噬细胞也会出现杀菌功能下降的现象。摄入足量的锌,可以调节免疫系统的T细胞数量和活性,可减少呼吸道疾病和腹泻等的发病率。研究表明,老年人接种疫苗后，补充足量的锌，体内产生的抗体会增加。

需要注意的是，过量摄入维生素 A、维生素 E、锌和铁等营养素反而会降低免疫功能。总而言之，好好吃饭，按时吃饭，才能给身体提供足够的能量和营养素，保证免疫系统发挥应有的"御敌"功能；否则，免疫系统会被"饿"罢工，导致失调乃至紊乱。

| 老年人饮食重点 |

医学研究表明，随着人体逐渐衰老，免疫功能下降和营养缺乏都会引起传染病的易感性提高。一项调查研究发现，在 199 名 60 岁以上老人中，免疫功能下降者的死亡率明显较高，死因中传染病占主要地位。老年人群中，尤其是老年患者，很多人有营养缺乏的症状，主要是蛋白质-能量营养不良（PEM）和微量营养素缺乏。随着物质条件改善，部分老年人，尤其是生活在大城市的老年人，患有因营养过剩导致的慢性退化性疾病。而营养缺乏与营养过剩，都属于营养不良。

如今，不少老年人已开始重视微量元素的补充。与微量营养素缺乏症相比，PEM 反而容易被老年人忽视。PEM 患者的淋巴组织明显萎缩，淋巴细胞减少乃至局部缺失，黏附在呼吸道表面细胞的细菌数增加。老年人咀嚼功能差，代谢低，加上其他生理机能减弱，与青壮年相比，摄入相同量的食物，转换成能量的总数也相对少一些。不少老年人的摄食量会比年轻时减少，这很容易引起营养缺乏。

中式饮食惯以米、面等主食为主，中国人代代相传的固有饮食习惯就是要吃饱。实际上，摄入碳水类（即糖类）主食过多，碳水类会转化为脂肪储存在身体中。随着生活条件改善，我国居民对于肉、蛋、奶这些优质蛋白质的摄入量虽有增加，但因高血脂、高胆固醇、乳糖不耐受等顾虑，"顿顿有肉"在不少人眼里谬误成了"错误吃法"。老年人每日需要蛋白质量为 0.8～1 克/千克体重，也就是说 60 千克体重的人，每天需要摄入 48～60 克蛋白质。按照 100 克生鸡胸肉约含 24 克蛋白质计算，一天需要食用 200～250 克鸡胸肉，即约一整块鸡胸。有运动习惯者，应酌情增量。

《中国居民膳食指南》建议每日进食 3～4 份高蛋白食物，每份指：瘦肉 50g，或鸡蛋 1 个，或豆腐 100 克，或鱼虾 100 克。除此之外，还要每天喝 1 袋牛奶（或 1 袋酸奶、2 袋豆浆）。按照最小量，您可以这样分配三餐：早晨 1 袋牛奶、1 个鸡蛋；中午吃瘦肉 50 克或鱼虾 100 克；晚上吃豆腐 100 克。老年人肾功能下降，蛋白质摄入应优先选择蛋、奶、鱼、肉和大豆，尽量采用少油少盐的烹饪方式。

一句话：既不能吃太多，也不能吃太少，关键要吃好。

| 食材种类多多益善 |

日常饮食中，在摄入充足蛋白质、适量碳水化合物，以及维

生素和矿物质时，您可以着重吃些含有生物活性物质的食材，例如苦瓜、西洋参、蜂胶、芦荟、绿茶、红薯、大蒜等。

富含维生素的浅色蔬菜（如卷心菜、白萝卜、芹菜、洋葱等）、水果类（如香蕉、番茄、苹果等），可增加巨噬细胞的数量，产生肿瘤坏死因子。肿瘤坏死因子有抑制癌细胞、杀死细菌的作用，有助于增强机体免疫力。富含胡萝卜素的胡萝卜和深色蔬菜（如紫甘蓝等），也有重要的作用。其中的胡萝卜素可抗感染，阻止癌细胞的增殖，抑制促癌变磷脂的代谢，增强抗癌的 T 淋巴细胞和自然杀伤细胞的活性。同时，一部分类胡萝卜素可以在体内转化为维生素 A。维生素 A 可保护皮肤黏膜细胞，起到自然免疫的作用。含有多糖的各种菇类（如蘑菇、香菇等）、灵芝、黄芪等，可增强人体的免疫力。

芦笋中含有丰富的蛋白质、纤维素和多种维生素，能刺激免疫系统。此外，大豆及其制品，西兰花、花椰菜、芥兰等十字花科植物，草莓、蓝莓等浆果，以及柑橘类都富含抗氧化剂，能活化免疫细胞，增强免疫功能。多不饱和脂肪酸可以通过食用三文鱼、鲑鱼、金枪鱼、沙丁鱼、秋刀鱼、鲭鱼（小型青花鱼）等深海鱼类来摄取，烹饪时优先采用蒸、炖的方式，每周吃两次即可。除此之外，紫菜、裙带菜、海带等潮间带的巨藻类植物，EPA 含量不错，但 DHA 含量较少。

关于保健品，含有免疫球蛋白和金属硫蛋白等物质的保健品可增强机体的抵抗力。当免疫力低于正常水平时，您可以在医生指导下短期适量服用。但长期服用这类保健品有可能产生依赖性，继而影响机体本身的内分泌功能，反而会使免疫力降低。同时，营养素补充过量会对机体造成伤害，例如维生素 A 补充过多会引起中毒。

面对突发的传染性疾病，面对逐渐衰老的机体，摄食充足方能提高免疫力。需知，靠饮食调养提高免疫力是一场持久战，也是一场属于自己的终身之战。

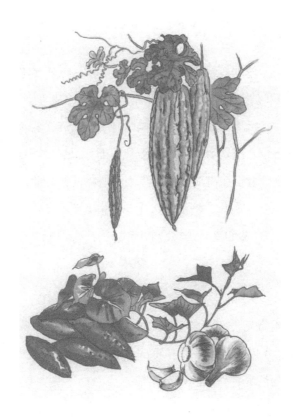

暖洋洋的甜蜜诱惑——巧克力

陈佳祎

有句经典的广告词形容某品牌巧克力："只熔在口，不熔在手。"的确，经典黑巧克力的主要成分——可可脂的熔点为34～36℃，恰好低于口腔温度，但高于体表（手掌）温度。可可脂熔化速度很快，进入口腔会瞬间液化，能让品尝者享受到丝滑、香醇的美好体验。而有"液体巧克力"之称的热巧克力（热可可），则是在牛奶、奶油、糖的融入下，变得温柔而美好，浓郁且优雅，甚至可以治愈这世上绝大多数的忧伤。

| 美味的源泉：可可豆 |

固体巧克力和液体的热巧克力之所以能带给我们奇妙的味觉体验，是因为可可豆有独特的化学成分。可可豆是可可树的种子，藏在包裹有外皮的可可果中，成熟后一般含有30～40粒，呈现卵形或椭圆形，长 2 厘米左右。可可豆外面的白色胶质可以通过发酵去除。生的可可豆含水量为 5.58%，约含脂肪 50.00%，含有可可碱 1.55%、淀粉 8.77%，还含有粗纤维 4.93%。其燃烧后的灰分中含有磷酸、钾和氧化镁。可可豆中含有咖啡因等神经中枢刺激性物质，以及可以造成苦涩口感的单宁。可可豆中可可脂的熔点接近人的体温，这也是巧克力放入唇齿之间便会熔化，但在冷藏和室温下可以保持硬度的原因。

生的可可豆苦涩无比，毫无香气，豆荚里的果肉黏乎乎的。可可豆会连同果肉一起被发酵，其颜色变深，气味也会发生变化。发酵后的可可豆被晒干并去除果肉后，将进入烘烤环节。

在巧克力加工厂里，人们将可可豆放在旋转的蒸汽桶里烘烤。可可豆变成棕色，豆荚壳裂开，豆壳被机械吹风吹走，实现豆肉分离。通过奇妙的美拉德反应，可可豆里含有的 300 多种化学物质发生变化，并且相互融合形成了我们熟悉的巧克力风味。

经过发酵、晒干、烘烤的可可豆还需要被粉碎，才能变身成为真正的巧克力。工厂会用滚筒将可可豆肉碾碎去除其"外皮"。通过加热和碾压双重物理外力，破碎后的豆粒与碾出的油脂混合形成黏稠的巧克力浆，然后加入甜味剂和可可脂，通过变换混合速度、温度，以及加入其他成分如牛奶、糖等，就可以得到不同品质的巧克力了。最后，将巧克力浆降温并倒入模具中，经过冷却、变硬，就可以把它们脱模成型，包装销售了。

| 太阳照耀下产生的"植物货币" |

可可树原产于南美洲亚马孙河上游的热带雨林，分布在南北纬 10°之间的狭窄地带，今天的主产国有加纳、巴西、尼日利亚、科特迪瓦、厄瓜多尔、多米尼加和马来西亚等。在光照充足、土壤肥沃、降雨量充足的土地上，可可树一旦成活就可以快速成长。

早在公元前 1900 年，南美洲人就发现了一种长有大型荚果的树。有人将这种树的种子晒干、碾碎，然后用水冲泡品尝。当时，人们认为可可饮料有药用价值。他们会在原本就比较苦的可可水里加入辣椒、胡椒等调味品。无论加入其中的是辣椒还是胡椒，总之，饮料都是辣味的。对于生活在雨林地区的南美洲人来说，这种能够振奋精神、祛湿、解瘴气的饮料，其保健功能也许远远大于食用功能。

墨西哥南岸的奥尔梅克人是最早人工栽植可可树的。约在公元前 600 年，墨西哥人将可可带给玛雅人。玛雅人喜欢用石头刻字记录大事，也将冲调可可饮料的方法记录了下来。当时，可可豆的产量非常有限，加工制作还没有实现工业化，制作成本很高，原料浪费程度高，因此可可液非常珍贵，是王公贵族们才能享用得起的昂贵美食。所以，可可豆不仅是制作饮料的原料，还可以当作货币使用。用可能腐败变质的可可豆当作货币，这对现代人来说很不可思议。再后来，玛雅人将可可豆卖给生活在气候干冷地区的阿兹特克人。阿兹特克人把可可豆烘焙、研磨、冲调后，加入玉米粉、蜂蜜、胡椒和辣椒等。除了饮用，可可饮料还是阿兹特克人祭祀神灵的重要物品。

在 1500 年左右，哥伦布将可可豆带回到西班牙。西班牙人在可可液中添加牛奶和糖以掩盖苦味——液体的热巧克力诞生了。这种香浓甜滑的饮料在西班牙流行起来，并迅速传遍欧洲。聪明的西班牙人对制作配方保密，并将巧克力作为昂贵的奢侈品对外出售。随着工业革命的开展，液体巧克力的生产成本得以逐渐降低，才慢慢走进了平民家庭，成为妇女和孩子们的饮品。18 世纪初，工业发展使得将可可豆的处理工艺进一步细化，可可粉和可可脂从可可豆中被分离出来。这一工艺为生产出固体巧克力奠定了基础。

｜爱的礼物如此迷人｜

广为人知的情人节礼物，除了鲜花之外，还有巧克力。很多节日习俗的由来并非童话或名人故事，而是商业促销。在 18 世纪的西方国家，情人节已经成为专门庆祝爱情的节日。当时，英国的一家巧克力工厂改进了自己原有的巧克力制作技术，从巧克力豆中提炼出可可脂，生产出比市面上同类产品口感更好的巧克力。但问题是，工艺改进导致可可脂产量过剩。他们只能利用可可脂增加产品种类，并以情人节为契机大力推出包装精美的礼盒。就这样，情人节送巧克力的传统一直延续到今天。

品尝巧克力似乎真能令人产生恋爱的感觉。究其原因，可能是巧克力中含有一些兴奋大脑的物质，比如可可碱、咖啡因和茶碱。可可碱是一种能对大脑中枢神经系统产生刺激作用的物质，类似于咖啡因，但不会像咖啡因一样对人体产生强烈刺激，并且没有上瘾效果。巧克力中含有的糖分可以促进大脑分泌内啡肽。内啡肽具有愉悦心情的效果，可以缓解心情不畅。适量吃些巧克力，不仅可以令人变得开心，而且可以补充体力。也有研究说，巧克力中含有苯乙胺。这种神经兴奋剂能让人更有精力、更兴奋。大脑中释放苯乙胺时，人体会产生看到喜欢的人时触电一般的感受——呼吸和心跳加速，手心出汗。这样看来，用巧克力作为爱的礼物，似乎再合适不过了。

| 变幻无穷的美味大军 |

市场上销售的巧克力从外形、颜色到口味都十分丰富——外皮包裹彩色脆皮糖衣的巧克力豆；不含可可脂，甜度特别高的白巧克力；加入坚果，且包装华丽的送礼首选；藏有酒心儿的童年回忆；过年时最受孩子欢迎的金币、金元宝；近年来很流行的外表布满可可粉的松露巧克力；以及受到健身与减肥人士喜爱的黑巧克力。可可与香料、奶油、坚果等食材的搭配丰富了巧克力产品的种类，使它获得了越来越多人的喜爱。相较而言，代可可脂巧克力的"含金量"较巧克力就逊色多了。代可可脂是以人工氢化油技术制成的油脂。用代可可脂制成的巧克力产品"更稳定"：表面光泽良好，感官性状保持时间长，入口无油腻感，不会因温度差异产生表面霜化，价格更低廉。但这种巧克力可能含有反式脂肪酸，不适合长期食用。您在购买巧克力的时候，除了看包装，不妨仔细看看配料表，再决定购买哪一款。

　　这个世界上，绝大多数人都喜爱巧克力的味道。它的独特之处在于绝对不是单纯的甜味，似乎是将苦、涩、甜、奶味，以及可可豆发酵、烘烤后的香气混合均匀后拿到太阳下曝晒得来的结果，充满暖意与美好。但是，这种将来自于低纬度热带雨林植物与现代科技进步相融合制造出的糖果，并不适合吃太多。毕竟，好吃的食物所含的热量都较高。巧克力所含的油脂、糖分足以令它成为名副其实的"热量炸弹"。

桃胶，桃树上的琥珀

杨传芝

风和日丽的初春，桃花盛开。徜徉于桃树间赏花的人们，可能并没有注意到，树干上有个不起眼的裂缝，正慢慢地分泌出一种黏稠的汁液。橙黄色的晶莹浓液一点点堆积，慢慢地凝固成块，形成比果冻略硬的半透明物体。这些半透明物体被切割、浸泡、挑拣、烘干后，最终成为棕黄色的结晶石，我们称之为桃胶。

远远看上去，桃胶如琥珀一般油润、晶莹。除了外观形状类似，它们的产生原理也相同：都是来自植株的分泌物——树脂。因此，桃胶又名桃油、桃脂、桃花泪。油与脂，被祖国传统医学认为是植物精华的凝聚。而花与泪，则是古代诗词歌赋中常见的抒情表达对象。这样看起来，桃胶真是既有好看的皮囊，又不乏有趣的灵魂。

桃胶作为一种具有保健功能的中药材，最早被记录在《本草纲目》中："桃树茂盛时，以刀割树皮，久则有胶溢出，采收，以桑灰汤浸泡过,晒干备用。"桃胶味甘苦、性平、无毒,有活血化瘀的作用,在临床上常用来治疗石淋、血淋、痢疾等。《本经逢原》中也曾讲:"桃树上胶最通津液,能治血淋、石淋、痘疮黑陷,必胜膏用之。"

现代科学实验研究证实:桃胶中含有丰富的多糖。多糖是一种复杂的碳水化合物,其药理作用十分广泛,如提高免疫、抗肿瘤、清除自由基、抗衰老、抗感染、降血脂、降血糖等。因此,桃胶具有降血脂、缓解压力和抗皱嫩肤的功效。

成品桃胶略硬,食用前需用水泡软。桃胶有强大的水溶性和黏稠性,泡发时间一般为10~20小时。泡发好的桃胶,用手捏的话,里面没有硬芯。这样的桃胶在煮制时便会恢复其胶质黏稠的本性,口感滑软、有弹性弹,与软糖相近。若是将桃胶与大枣、银耳、冰糖一起煮食,则能更好地发挥其美容养颜功效。

｜桃胶皂角米羹｜

原料:桃胶、皂角米、玫瑰酱各1勺,红枣6颗。

做法:将桃胶和皂角米分别清洗后,用清水浸泡10~12小时,把泡发好的桃胶、皂角米冲洗干净,放进砂锅里,再放入红枣。砂锅加足够的水,大火烧开,转中小火煮2小时。煮制期间要不时地搅拌,避免煳锅。在碗里放1勺玫瑰酱,趁热把煮好的桃胶、皂角米倒进去,搅拌均匀即可。

| 桃胶银耳糖水 |

原料：桃胶 15 克，雪梨 1 个（300 克），冰糖 30 克，银耳 5 克，蔓越莓适量。

做法：将桃胶放入清水中浸泡一夜至软涨，再以清水反复清洗，掰成大小均匀的块。将银耳用清水泡 20 分钟变软后，掰成小朵。雪梨去皮，切成 1 厘米大小的丁。将桃胶、银耳和水放入锅中，大火煮开后改小火继续煮 1 小时，此时汤汁开始变得有些黏稠。放入梨丁煮 5 分钟，再放入冰糖和蔓越莓煮 3 分钟，至冰糖彻底融化，汤汁浓稠即可。

桃胶虽然好吃，但不宜大量服用。桃胶为胶质体，除含蛋白质、维生素之外，还有较多的膳食纤维，吃多了不易消化。建议一天服用量不超过 15 克，不要空腹服用，消化不良者不要大量服用，孕妇及儿童不宜食用。

玫瑰留香 秀色可餐

程文娟

四季轮回周而复始。随四时而盛放的鲜花，无疑是大自然众多无私馈赠中最令人赏心悦目的植物精灵。菊花的优雅，桂花的清香，茉莉的高贵，玫瑰的浪漫……无不令人感到心旷神怡。但您可能不知道，美丽的鲜花还可作为食材入肴。

食用鲜花是花朵可直接食用的花卉植物。日常生活中很多常见鲜花均可食用，如菊花、玫瑰、茉莉、桂花、荷花、樱花、金针花、油菜花、洛神花、栀子花等，有50余种。鲜花对环境污染敏感，花期短，受环境污染的机会少。正常发育的可食鲜花是真正的绿色食品，其外观美丽，色艳香鲜，风味独特，可谓色、香、味俱全。

| 鲜花入食古已有之 |

在我国，食花文化古已有之。早在春秋战国时期，人们就有食花的习惯，屈原的《离骚》中便有"朝饮木兰之坠露兮，夕餐

21

秋菊之落英"的名句。在唐代，食花之风盛于皇室，人们把桂花糕、菊花糕视为宴席珍品。清代成书的《御香缥缈录》中记载慈禧喜食鲜花。《食宪鸿秘》是清代朱彝尊撰著的养生类中医著作，其中的"餐芳谱"一卷详细讲述了20多种鲜花食品的制作方法。

玫瑰花这位"花中皇后"，也是重要的食用鲜花。玫瑰原产中国，又被称为刺玫花、徘徊花、刺客、穿心玫瑰，属于蔷薇科落叶灌木，枝干多刺，花单生或数朵聚生，有芳香。可食玫瑰的花朵主要用于食品及提炼香精、精油。因玫瑰精油比等重量黄金的价值还要高，故玫瑰又有"金花"之美誉。

｜玫瑰古今妙用无穷｜

很多人对玫瑰花情有独钟，相信玫瑰拥有使人青春永驻的"魔力"，会让女性充满魅力。这种认知并非毫无科学依据。《本草正义》记载："玫瑰花香气最浓，清而不浊，和而不猛，柔肝醒胃，疏气活血，宣通窒滞，而绝无辛温刚燥之弊，断推气分药之中最有捷效而最为驯良者，芳香诸品，殆无其匹。"《食物本草》说："玫瑰主利肺脾，益肝胆，辟邪恶之气，食之芳香甘美，令人神爽。"

玫瑰花味甘、微苦，性温，入肝、脾二经，具有降火、促进血液循环、促进新陈代谢与提神振气等功效。现代医学研究表明：玫瑰花所含的主要活性物质为玫瑰精油、维生素、氨基酸、糖类及磷、铁等矿物质。玫瑰中含香精的脂肪油、有机酸等物质对美容护肤有一定效果。

｜花花世界滋味美｜

玫瑰鲜花可选取甘肃苦水玫瑰、山东平阴玫瑰、大马士革玫瑰或千叶玫瑰等品种的鲜花花瓣，也可从四季如春的云南选购食用玫瑰鲜花。

玫瑰花酱

用料：食用玫瑰鲜花 200 克，红糖或白糖 800 克，食盐 3 克，纯净水适量。

做法：（1）将所有花瓣用淡盐水洗净，充分沥干。

将玫瑰花和白糖混合均匀。用手充分揉搓花瓣，使花瓣和糖充分接触。

将用白糖揉搓过的玫瑰花放入干净无油的小锅中，以小火煸炒成酱。煸炒时间不要超过半分钟，以免煳锅。

趁热将玫瑰花酱装入罐子，表面倒一层蜂蜜防腐。

温馨提示：为了让玫瑰油得到充分释放，玫瑰和糖的味道更好地融合，玫瑰花酱应腌制两个月以上再食用。

玫瑰花小西饼

用料：奶油 3/4 杯（200 毫升杯），细白糖 1/4 杯，鸡蛋 1 个；鲜奶 1/4 杯，干玫瑰花苞 10 个；低筋面粉 2 杯，泡打粉 1/4 小匙，奶粉 2 大匙；碎杏仁 1/4 杯。

做法：（1）烤箱以 175℃ 的温度预热；将奶油放在打蛋盆

内自然软化；低筋面粉、泡打粉、奶粉均过筛备用。

（2）玫瑰花苞剥下花瓣，浸泡在鲜奶中，中火加热1分钟。

（3）将打蛋盆内的奶油与白糖混合，以打蛋器稍打发，放入鸡蛋搅拌至蛋汁被完全吸收，呈乳白色。

（4）放入泡花瓣的鲜奶拌匀，放入已过筛的面粉混合物，搅拌均匀后放入碎杏仁。

（5）烤盘上涂少许黄油或食用油，以汤匙挖取适量面糊放在烤盘上呈饼状，再以汤匙背面蘸水将其压薄。每两个小饼中间留2厘米空隙。烤约20分钟。

清凉玫瑰饮

用料：玫瑰花苞2小匙（干品或鲜花均可），薄荷叶2片，柠檬1片。

做法：（1）薄荷叶擦干净后放在杯中，并放一片柠檬备用。

玫瑰花苞放入花茶冲泡器内，将烧滚的开水冲入茶器（600毫升杯）。

盖盖儿浸泡3分钟后，将玫瑰茶倒入放有薄荷、柠檬的杯中略泡，茶水温凉后即可饮用。

春意盎然的三月，百花盛开的自然美景让人心情舒畅。闲暇午后，约三五位友人，备一两款玫瑰甜点，喝上两三杯玫瑰饮品，好不惬意。浓郁的玫瑰花香、独特的酸甜滋味，能让食物的整体口感更为丰富，让您整个人都放松下来。

轻 食 的 利 与 弊

李　娜

　　不少年轻女性朋友觉得夏季衣着单薄，身体外露部位较多，于是一边感慨"三月不减肥，四月徒伤悲"，一边在春节后突击减肥。她们采用减肥的方法花样繁多：身上裹保鲜膜跑步，不吃晚饭狂喝水，服用减肥产品故意腹泻，甚至是去医疗美容机构采用医学手段，如局部抽脂，来使自己达到理想的"标准外形"。殊不知，这类方法虽然能让减肥者看到立竿见影的效果，让体重减轻一些，但从长远来讲，这种"疗效"既无法长时间保持，所得结果也并非真正意义上的美。而且，您的身体健康也会因此受到严重影响。近年来，市场上流行起一种听上去较为健康且符合绿色环保风潮、极简主义生活方式的减肥饮食方式——轻食。那么，这种饮食方式真能帮我们实现健康减肥吗？

　　轻食是准备起来简单快速，食材烹饪和调味程度较低，热量值较低的食物。它可以作为正餐，也可以作为加餐食用。例如：水果沙拉、蔬菜沙拉、鸡胸沙拉、藜麦饭、意大利面等。以一款凯撒鸡胸肉轻食为例，它由全麦意大利面、黄瓜西红柿玉米生菜沙拉和一份水煮鸡胸肉配少量番茄酱组成，热量为1 400千焦，约等于350千卡。另一款素食杂粮轻食包括一块南瓜、三分之一截玉米、一个鸡蛋、一份烤红薯和一份由菜花、娃娃菜、西葫芦少油炒制的蔬菜，热量约为1 200千焦，约为300千卡。另一份香烤龙利鱼轻食则包括紫糯米饭、玉米西红柿西兰花沙拉、一小份雪梨、烤龙利鱼，以及由酸奶、牛油果调制的酱汁，热量约为1 200千焦，约为300千卡。

可见，轻食选用食材健康且种类丰富，如五谷杂粮、时蔬、白肉，以蒸、煮、烤为主要烹饪方式，利用酸奶、洋葱、胡椒等天然食材来适度调味，所含供能营养素、矿物质与维生素等微量营养素较为均衡，符合"三低一高"原则，即含糖分低、含盐分低、含油脂低，含膳食纤维素高。看上去，轻食非常有益于人体健康，且一餐总热量比较低，的确是减肥期间一种很好的饮食选择。但是，轻食真的适合每一个减肥者吗？减肥期间饮食需要注意什么呢？

| 低热量饮食易导致营养不良 |

事实上，世界上不存在一种完美的、适合于任何人的健康饮食方式或是减肥饮食方式。食物本身没有问题，关键是我们如何食用，以及如何处理这种饮食与一天中其他几餐的关系。如果您能做到三餐按时按点正常吃饭，且足量摄取能够维持人体基础代谢的热量，只是用轻食代替一顿午餐或一顿晚餐，少坐多动，保证睡眠，那相信只要坚持 3 周，您就能看到不错的减肥效果。但如果您不吃早餐，午餐不肯吃主食，吃的肉也少得可怜，晚上再来一顿轻食，热量摄入远远不够维持我们大脑、神经系统、内分泌、肌肉活动等基础生理要求，那健康必然亮起红灯。人挨饿的话，身体将优先分解肌肉，以蛋白质作为供能物质。而并不是我们想象的，不吃饭就会分解脂肪。肌肉流失将令女性抵抗力降低、面容苍老、容易脱发、月经周期紊乱、睡眠质量下降。为了让体重秤上的数字变小一些，付出这些代价值得吗？

｜维持人体健康需要吃什么｜

我们人类通过饮食，从食物中摄入足够的、比例适当的能量和各种营养素，才可以满足在不同生理阶段、不同劳动环境及不同劳动强度下的需要，并使机体处于良好的健康状态。应该说，常见的天然食物没有一样是没用的——主食中富含碳水化合物，肉类、豆制品、奶制品、蛋类里有优质蛋白质，植物油、坚果含有脂肪等宏量营养素，新鲜蔬菜、水果、动物内脏则含有大量维生素、矿物质。它们在机体代谢过程中均有独特的功能，一般不能互相替代。

通过均衡饮食，我们摄入碳水化合物、蛋白质、脂肪获得维持体温并满足各种生理活动及体力活动对能量的需要。碳水化合物、蛋白质、脂肪与某些矿物质经代谢、同化作用可构成机体组织，满足生长发育和新陈代谢的需要。简而言之，这些营养素可以为人体生长、发育和自我更新提供充足的材料。这些营养素还可以在机体各种生理活动与生物化学变化中起调节作用，使之均衡、协调进行。长期少食、偏食，将导致机体缺乏一种或一种以上营养素，时间长了，就会导致人体健康异常乃至出现疾病状态。医学上称其为营养不良。因此，您也就无法达到减肥的初衷了。

| 潜在的食品安全风险 |

轻食中使用的蔬菜大多为生食，直接食用或许有一定风险。专家表示，如果处理不当，生食的蔬菜可能存在细菌污染、微生物污染问题。不少宣称自己使用无公害食材的轻食产品，其原材料很可能携带有虫卵、动物排泄物。而轻食中使用的鸡蛋、鸡肉、鱼肉、牛肉，虽然大多数经过蒸煮或烤制，但制作好以后距离顾客食用往往会间隔几个小时，有可能滋生细菌。即便轻食经冷链运输、储存，其中也可能存在一些不怕冷的微生物。此外，各种现制、鲜榨饮料也存在一定的细菌污染隐患。

| 如此轻食效果更好 |

不可否认，如果我们用轻食代替一顿多油、多盐、多糖的外卖午餐，或者是在一次健身训练之后用轻食作为加餐，都是比较好的健康饮食选择。但如果能注意以下几点，那么您可以更加健康地达到减肥目的：

1. 其他两餐按时进行。三餐定时可以帮助身体形成良好的生物钟，提高基础代谢，保证身体血糖水平一直处于比较平稳的状态，让大脑得到充足的养分，避免暴饮暴食。

2. 选择大品牌轻食产品，随吃随买，食用之前仔细观察食物的状态和气味。吃饭前洗手，洗手后不再触摸手机。

3. 轻食不搭配果汁、饮料，否则无法达到理想的减肥效果。

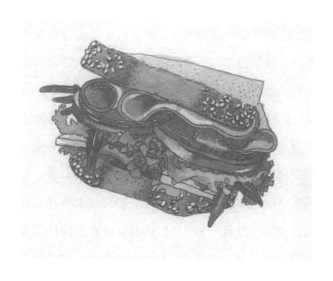

春来养肝有佳肴

陈培毅

朱自清在散文《春》中写道："一切都像刚睡醒的样子，欣欣然张开了眼。山朗润起来了，水涨起来了，太阳的脸红起来了。小草偷偷地从土地里钻出来，嫩嫩的，绿绿的。园子里，田野里，瞧去，一大片一大片满是的。"

3月有惊蛰和春分两个节气，这是两个最能代表春天万物生发、欣欣向荣景象的节气。隆隆春雷一响，冬眠的动物们经过一冬天的沉睡，都被唤醒，重新回到大自然觅食嬉戏。而过了春分这天，白昼的时间就变得比夜晚还长，为世间万物带来了更长时间的阳光滋养。人们到了春天也应出门活动活动，感受温暖的阳光，呼吸新鲜的空气。

传统医学认为：人体的肝脏属木，如同树木在春天需要阳光雨露滋润才能展露新叶一样，我们的肝脏在春天同样需要特别的养护。在春天对肝脏进行养护，能够使身体气血健旺，保证新的一年四体康泰。

传统医学认为，春天生发之时，饮食上可以适当减酸增辛。春天肝气生发，而酸有收敛作用，因此春天应当减酸。这里说的辛，指的不是辣味，而是香辛料。香辛料在烹饪中，多半是用来去腥增香的，用量并不多。其实，香辛料里面有很多抗氧化成分，和食物配合，能够起到抗氧化、防腐、开胃、强身的作用。春季日常烹饪可以增加香辛料的使用种类，并适当增加用量，为我们的身体增加多种抗氧化剂。

此外，养护肝脏还需要保持能量的均衡摄入。春季补肝需要补充优质蛋白质。摄入适当的优质蛋白质，有助于改善肝脏功能，维持人体的正氮平衡，提高体内生物酶活性，增加肝糖原。其中，支链氨基酸对肝脏有保护的作用，富含支链氨基酸的食物有：牛奶、大豆、菜花、玉米，等等。植物蛋白质与动物蛋白质混合食用，能发挥它们的互补作用，更加有利于蛋白质的完全吸收和利用。再者，每天应保持摄入充足的碳水化合物，帮助起到节约蛋白质的作用，进而提高肝脏对蛋白质的利用效率，促进肝细胞再生。所以，要想保肝护肝，要保证每天摄入一定份额的主食。在喝酒前先吃一点主食，也是一种对肝脏的保护措施。

下面向您推荐两道有助于春季肝气生发的菜品。

| 丝娃娃 |

"丝娃娃"是素春卷。"丝娃娃"不用油炸，可避免在高温油炸的过程中产生致癌的丙烯酰胺。此外，"丝娃娃"相对于炸

春卷，热量较低，对控制热量摄入、减轻肝脏负担大有助益。按100克重量计算，"丝娃娃"的热量约为623千焦，炸春卷的热量则约为1938千焦，"丝娃娃"的热量只有炸春卷的三分之一。"丝娃娃"里包裹的食材有折耳根、胡萝卜丝、绿豆芽，都是有助于春季肝气生发的食材，算得上是春季养肝小能手。

食材：面粉、萝卜丝、黄瓜丝、海带丝、折耳根、胡萝卜丝、绿豆芽、薄荷叶、葱花、姜蒜水、花椒油、香油、酱油。

做法：1. 制作丝娃娃的面皮用的是半烫面：一半面粉用开水烫熟，剩下的一半面粉用冷水和成面团，再把两个面团揉在一起。

2. 面团分成小份，擀成薄面饼。平底锅烧热，将薄面饼烙熟。

3. 烙好的面饼一张张摞起来，避免发干。

4. 海带丝、折耳根、胡萝卜丝、绿豆芽焯水后沥干备用。一定要把水沥干，否则蘸水会被稀释。

5. 调配蘸水：将葱花、姜蒜水、花椒油（或者木姜籽油）、香油、酱油按照自己喜欢的口味调配在一起。

6. 用饼卷上萝卜丝、黄瓜丝、海带丝、折耳根、胡萝卜丝、绿豆芽、薄荷叶，倒入一勺蘸水，就可以享用美味了。

| 油焖笋 |

开春第一季的笋，叫作雷笋。顾名思义，雷笋是随着春雨和春雷破土而出的。这个时节吃笋，可谓是应了它生机勃发的好寓意。笋含有丰富的蛋白质、维生素、钙、磷、铁等多种营养元素，

能促进肝气生发。笋富含膳食纤维，能刺激肠道蠕动，帮助排便顺畅。笋还是一种高钾低钠的保健蔬菜，对维持血压的稳定有一定帮助。高血压患者可以适量多吃一些笋来降低血压。

食材：笋、白糖、料酒、生抽、盐。

做法：1. 将笋剥去外面的笋壳，削去硬皮，切成块。笋块里如果有白色斑点，不用去除，那是笋鲜味的来源。

2. 水烧开，放少许盐，倒入笋块焯水 3 分钟后捞出沥干水分。这一步骤是为了去掉笋里的草酸。草酸有苦涩的味道，也会影响人体钙质的吸收。

3. 炒锅加热后放油约 100 克，油温大约到 180 ℃时，放入笋块，稍微煎炒一下，用漏勺捞出备用。

4. 等油温稍降，重复做法 3 后捞出第二次油煎的笋块。

5. 留少许油在锅里，倒入笋块，将料酒、生抽、糖倒进锅里拌匀，盖上锅盖，中火焖 3 分钟即可。

二月二，煎焖子

李 娜

二月初二龙抬头，又被称为"春耕节""农事节""春龙节"。在古代，这个节日过起来可谓热闹非凡。当时，人们的生产、生活要和节气、物候紧密保持一致。稍不留意，人就有可能饿肚子。

冬日漫漫，天寒地冻，天气不允许农事生产，才有了寄托哀思，怀念先人的"寒衣节"，计算寒意消退的时间、等待新一年轮回的"冬至节"，辞旧迎新、迎喜纳福的"春节"。甚至，古人会将人生最重大的庆典之———结婚，安排在农闲的冬季。

而二月初二龙抬头，则是这一系列冬日庆典圆满落幕的汇报演出。眼瞅着日子一天比一天长，日出变早，日落推迟，春回大地有了盼头，冷风虽有寒意，但是渐渐不再刺骨。冰凌已开，有些耐不得寂寞的枝芽便迫不及待吐出花蕾，万物皆充满了勃勃生机。"农事节"自古便是人们开启新的一年努力奋斗的起点。人们在这个节日希望新的一年风调雨顺、谷粒满仓。

"农事节"各地食俗不同。北方部分地区在二月二这天要吃糖豆，而且必须阖家围坐分而食之，寓意将喜气分给每一个人。糖豆是用豇豆、玉米、黄豆之类做成的，需要提前用温水泡发，晾干后进行炒制。用上好的红糖熬制糖稀，放入炒好的豆子。做好了一尝，当真是嘎嘣脆，甜丝丝。也有的地方，要在二月二烀猪头吃。古时候，农民一年忙到头，只有到了春节才能沾点荤腥。从腊月二十三宰杀了猪羊开始，顿顿饭菜里或多或少能有些肉。一头猪从年前吃到正月十五，就吃得差不多了。剩下一个猪头，需得在二月二龙抬头这天，先给保佑风调雨顺的"龙王爷"当贡品，祈求一年五谷丰登，然后才能拿来吃。

天津地区二月二的传统美食是煎焖子。这种用绿豆粉制作的小吃食，是晶莹剔透、口感弹牙的凉粉类食品，在天津、河南、陕西、烟台等地区被称为"焖子"。焖子要煎到两面焦黄，泛出薄薄的香脆锅巴，内芯还需软糯、有咬劲的才叫正宗。新出锅的煎焖子热气腾腾，蘸上由麻酱、蒜泥、醋、酱油、辣椒油调制的作料，滋味醇厚，令人齿颊留香。和南方的凉粉不同，煎焖子讲究的是吃个烫嘴，天津人讲话"凉了就没劲了"。

在二月二"农事节"这个充满希望的节日里，愿您醒好年吨儿，给生活增添点富有仪式感的光彩，吃得美味又开心！

五 谷 为 养 说 小 米

黄 璐

唐代诗人白居易在长诗《贺雨》中写道:"昼夜三日雨,凄凄复濛濛。万心春熙熙,百谷青芃芃。人变愁为喜,岁易俭为丰。"讲的是暮春之时终于下雨,百谷长势丰茂,农人喜笑颜开地期盼丰收之果。诗句中说的百谷泛指粮食作物。数千年以来,粮在中国人的心中,意味着生活富足,代表了踏实安稳,是人们获得幸福感的物质基础。

| 养活了中国人的百谷 |

历代典籍中,有三谷、五谷、六谷、九谷、百谷等各种说法。在郑玄注的《周礼》中,三谷分别是黍、稷、稻,四谷为黍、稷、稻、麦,五谷则是黍、稷、菽、麦、稻。《物理论》说,百谷者三谷各二十种,为六十种;蔬果各二十种,共为百谷。晋代崔豹的《古今注》说,九谷为黍、稷、稻、粱、三豆、二麦。其他著作对于谷物的分类说法还有很多,就不一一列举了。

其中，五谷的说法最为盛行。比如：我们今天常能听到的五谷丰登、五谷为养，等等。然而，五谷到底是哪五种农作物，历史上的说法并不统一。常见的有稻、黍、稷、麦、菽；或是麻、黍、稷、麦、菽。两种说法的差别在于，前者有稻而无麻，后者有麻而无稻。

这里说的麻并非芝麻，而是能够利用其植物纤维制成衣物布料的一种经济类作物，主要功能不是食用。有的读者朋友可能会觉得奇怪：古人怎么会将不能吃的麻代替可以吃的稻算作五谷之一呢？我想，对于绝大多数老百姓而言，最低层面的生活需求是"食能饱腹""衣能蔽体"。因此，在棉花这种作物还没有进入我国，而丝绸又极其昂贵的时代，能用来纺线织布的麻才能跻身"五谷"，且位列第一，占有如此重要的地位。归根结底，无论五谷为何，都是它们养活了中国人，让人有了生而为人的尊严。

| 小米，从主食到杂粮 |

无论三谷、五谷、八谷，还是百谷，都带有一个"谷"字。那么，谷除了作为一类作物的泛称之外，其本身是不是一种具体的粮食呢？答案是肯定的，那就是谷子。谷子是一种禾本植物。"锄禾日当午"里的"禾"，指的就是谷子。谷子最早的名字是稷，"国家社稷"的"稷"字。社稷之稷即为谷，可见谷子的重要性。谷子后来还被称为粟、粱，就是今天我们吃的小米。确切地说，谷子是粟这种农作物收割后没有脱粒的状态，其籽实碾成

米后叫作小米、小黄米、黄小米。在历史上的许多朝代，谷子均为"五谷"之首，且一直是北方地区重要的粮食作物。如今，很多地方的人们依旧习惯将没有脱粒的小米称作谷子。

您会不会和我一样好奇：为什么人类最早开始种植的谷物是小米？一是因为小米不怎么挑剔水土的酸碱性，在贫瘠的土地上也能生长。二是因为小米耐旱，与小麦、水稻等其他谷物相比，种植小米需要的水量相对要少。在水利设施落后、灌溉不方便的年代，种植小米投入小、收益大、风险较小。

据《汉书·食货志》记载："《春秋》它谷不书，至于麦禾不成则书之。以此见圣人于五谷最重麦与禾也。"这里是说史书会将小麦和小米的歉收作为重大历史事件进行记载。隋唐以后，虽然水利设施逐步发展进步，人们扩大了水稻和小麦的种植面积，但小米依旧是北方人的主要口粮。小米有个很有意思的特点，在灌溉水量充足的情况下，产量也不会提高。小米"成"于耐旱也"败"于耐旱。

20 世纪五六十年代，我国北方大量兴建水利设施，小米的地位被小麦、玉米等经济效益更大的作物所取代。如今，谷子逐渐从中国人赖以活命的主食变成了调剂口味、养生保健的杂粮。

｜小米烹饪方式的变革｜

远古时期人们吃小米的方式很单一——将其放在石板上用火烤。烹饪现场很热闹，就跟爆爆米花一样。

后来，黄帝解救了大家。《古史考》中记载了"黄帝始蒸谷为饭，烹谷为粥"，讲的是黄帝发明了小米饭、小米粥的吃法。当然，这只是传说。事实上，饮食方式的改变主要是源于生产力的提高——陶器的出现令小米能够变成粥饭。人们在物质基础的支持下才有办法去创新食物的吃法。古人还常在煮米饭的时候加入一把小米做成二米饭；或是煮小米粥的时候添些红枣、红薯、南瓜等甜口的食材改善口感。

　　但是，小米在古代南方地区并不是人类的主要食物，其用途主要是鸟儿的口粮。南方雨水充沛，气候湿热，水稻这种颗粒大、产量高、口感好的作物长期处于统治地位。很多南方人来到北方之后，惊恐地发现家乡用来喂鸟的小米，竟然被端上了餐桌。大家抱着怀疑的态度品尝之后才小米的发现味道原来很不错。小米的营养十分丰富，完全可以与来自安第斯山的藜麦媲美，而且价格十分便宜，性价比超高。

　　古今中外味道最好的小米食物要属"黄粱一梦"里的小米饭了。伴着饭香，卢生拥有了梦想中的一切——贤妻、官位、子孙富贵、长寿。然而，无论黄粱多好吃，不付出脚踏实地的努力，梦醒也终是一场空。

糜子馍馍香

《舌尖上的中国》的播出带火了大江南北不少美食，其中不乏山珍海味，但更多的则是带有血脉亲情和浓厚地域文化特色的质朴家常味道。人们在节目中看到了自己的父母亲人，也嗅到了久违的家乡味道。我作为一名普通观众就是如此——当年窝在广州一家酒店的房间里，无意间看到憨厚又勤劳的陕北手艺人黄老汉，几十年如一日制作糜子面黄馍馍，瞬间，那种乡愁便和着黄馍馍的香甜一起涌上心间。

▏有历史地位的主食▕

关于五谷，古书记载不尽相同，但其中都有"黍"和"稷"的身影。而它们，都是糜子。您可能会感到疑惑，难道说"五谷"之中，竟有两种是一样的？李时珍的《本草纲目》说："稷与黍，一类两种也。黏者为黍，不黏者为稷。稷可作饭，黍可酿酒，犹稻之有粳与糯也。"糜子这种谷物分为两种：一种为软糜子，是

40

五谷中的"黍";一种为硬糜子,即五谷中的"稷"。软糜子有糯性,黏黏的可以用来做糕点;硬糜子没有糯性,一般磨成粉后可做发糕或馒头。电视片中,老黄是将软、硬糜子面按照3:7的比例混合,然后制作黄馍馍的。

糜子可以说是一种"艰苦朴素"的作物,耐干旱,产量也不错。到现在,糜子依然是深受陕北百姓喜爱的主食。而《舌尖上的中国》播出后,古老的糜子面馒头更是开始在全国各地售卖,颇受欢迎。

｜长相相近的糜子、小米与大黄米｜

小米在古代被称为"粱"或"粟",和糜子没有什么亲缘关系,但因长得像而常被搞混。它们虽然同属禾本科,但小米隶属于禾本科狗尾草属,糜子却是禾本科黍属。至于大黄米,就是具有黏性的软糜子——"黍"去皮后得到的产物,因此和糜子是货真价实的亲姐妹!

如果将它们放在一起比较,区分起来就没那么难了。小米的颗粒最小,颜色也稍深。大黄米(去皮后的软糜子),颗粒明显大于小米,相比之下显得更加浑圆。硬糜子和软糜子个头差不多,不过颜色偏暗,握在手里略微有点扎手。

｜糜子,吃的不只是情怀｜

有人说吃黄馍馍追求的是一种向淳朴致敬的情怀,但在我看来，选择糜子面馒头除了情怀，还说明了您的睿智。作为一种古老的主食作物，糜子的营养价值优于其他主食。糜子不仅富含淀粉，还属于主食中蛋白质含量较高的一类杂粮，弥补了植物性食物中蛋白质不足的缺陷。同时从它金黄的色泽就可以推断出，糜子中类胡萝卜素的含量不低。糜子颗粒较小，脱皮等深度加工的难度相应增大，因此糜子米或糜子粉的加工程度要远远低于白米白面，能够很好地保留谷皮层中丰富的矿物质和 B 族维生素，更值得您食用。

常吃糜子做成的米饭、粥，或馒头、糕点，对于吃惯精米白面的现代都市人来说，在丰富口味之余，既能补充维生素和矿物质，还能适当降低摄入的热量，有助于控制体重，预防因肥胖引发的各类慢性疾病。

｜除了做馍馍，糜子还能怎么吃｜

电视片中，黄老汉用糜子面做黄馍馍的整个过程看起来颇为复杂，让人不禁望而却步，也更让人琢磨，除了做黄馍馍，糜子还能做成什么美食？

同其他"五谷"一样，糜子可以用来酿酒。陕北过年必备的稠酒，就是将软糜子用沸水煮至谷壳开裂，再加酒曲酿造的。陕北稠酒是当地历史悠久的传统饮品，农家自酿的稠酒虽然浑浊，却色泽金黄，甜香扑鼻，好喝不醉人，是陕北人逢年过节、婚庆嫁娶必不可少的喜庆酒——正所谓"米酒油馍木炭火，团团围定炕上坐"。

软糜子软糯细腻，蒸熟或磨粉之后黏黏的，可以做成各种美食，比如软米年糕、糜子甜饭等。软米年糕是以大黄米作为原料，经过磨粉、蒸糕、油炸、淋蜂蜜等一系列步骤制作而成的，色泽金黄、外酥里糯，香味无比诱人！还可以在软糜子面里包上红枣泥、红豆沙等馅料，更是别有滋味。当然，如今人们重视健康，可以选择不油炸，只蒸制，得到的就是更加健康的黄米糕了。糜子甜饭制作起来更加简单，不必磨粉，直接用大黄米加入蜜枣、坚果、果干等上锅蒸制即可。

我们不得不提另外一种用软糜子做的美食，那就是东北人口中常说的"别拿豆包不当干粮"的黏豆包。和家常包子的做法一样，软糜子磨粉、和面，包上红豆馅蒸熟即可。东北人喜欢将黏豆包放在冰天雪地里冻过再吃，可蒸、可煎、可烤、可蘸蜜。

奇亚籽，古老的
"网红"食物

崔华威

"您要去斯卡布罗集市吗？欧芹、鼠尾草、迷迭香和百里香，代我向那儿的一位姑娘问好，她曾经是我的爱人……"一首《斯卡布罗集市》（*Scarborough Fair*）又在耳畔响起，那凄美的旋律曾抚慰过多少颗孤独的心灵。但是它的歌词，却困扰了我许多年。

| 名字煞风景 |

《斯卡堡集市》是一首古老的英格兰民歌，20 世纪 60 年代作为美国电影《毕业生》的插曲而再次走红，号称"一生必听的十首英文歌曲"之一。初次听时，我对歌词中的"鼠尾草"颇为困惑，觉得这个粗鄙的植物名破坏了歌词的美感。冥思苦想了好久，我突然明白了——这首歌是英文歌，"鼠尾草"是那有着细长花序（酷似老鼠尾巴）的植物在汉语里的称呼而已。

名字粗俗的"鼠尾草"其实是鼠尾草属植物的总称，全球约有1000种鼠尾草属植物，分布十分广泛。比如：较出名的有供药用的丹参，供观赏的一串红，供美食爱好者享用的荮欧鼠尾草等。作为一名美食爱好者，我将重点谈一谈鼠尾草家族的新晋明星——荮欧鼠尾草。

| 莫名奇妙 "走红" |

荮欧鼠尾草的英文名为"chia"，音译过来就是"奇亚"，原产于墨西哥等北美国家，只能生长在海拔约1 200米的高原荒漠地带，在我国没有分布或栽培记录。荮欧鼠尾草的种子——奇亚籽富含优质蛋白、可溶性膳食纤维、维生素、脂肪酸、矿物质元素及多种抗氧化化合物，对肥胖症、心血管疾病、糖尿病等具有显著的防预和治疗作用。这些效果被商家广为宣传，以至于奇亚籽成了"网红食物"。

其实，荮欧鼠尾草的食用历史可追溯到公元前3500年，它是阿兹特克人和玛雅人的四大主食之一。哥伦布发现美洲之前，荮欧鼠尾草是墨西哥等地仅次于玉米和大豆的第三大粮食作物。奇亚籽呈长椭圆形，大小和芝麻接近，长度约2毫米，千粒重1.2～1.4克，有棕色、灰色、暗红色和白色4种颜色类型，表面光滑有光泽，带深色网纹或不规则斑。奇亚籽是墨西哥传统美食皮诺列（pinole）的原料之一。皮诺列是将烤熟的玉米和奇亚籽、香料等一起磨成粉状，这种粉状物可以做成不同类型的食物。例如：即食谷物、烘焙食品、玉米饼或饮料。皮诺列在中美洲和南美洲广受欢迎，是洪都拉斯和尼加拉瓜的国民饮料。

奇亚籽是美国食品药品监督管理局认证的安全食品，也是欧盟立法确认的面包合法添加成分之一。2014年，奇亚籽被我国正式批准为新食品原料。2019年6月12日，应欧盟委员会要求，欧盟膳食、营养和过敏症科学小组（NDA）对含有奇亚籽粉末的食品安全性进行评估，结论为"奇亚籽是一种安全的新型食品"。

| 减肥功效是炒作 |

前面讲到，奇亚籽成为"网红"，除营养价值外，还跟它的一个特性有关：奇亚籽富含可溶性膳食纤维——其膳食纤维含量是稻米的近10倍。这种纤维能在水中溶解，吸水后会形成胶状物而使体积膨胀。奇亚籽在水中浸泡后体积可增大15倍，像一粒粒"青蛙卵"一样。一些想象力丰富的商家，望着这些吸水后膨胀起来的种子，认为人在食用了这些种子之后，可以产生"饱腹感"，因此将其炒作成"减肥食品"。

然而，研究早已表明，奇亚籽的减肥功效完全是子虚乌有。奇亚籽吸水后"疯狂"膨胀，会在表面形成黏糊糊的像鼻涕一样的物质。这种"鼻涕"在植物学上称为"种子黏液"，是种皮中产生并分泌出的能吸湿膨胀的一类多糖物质。

有趣的是，遇水会产生黏液的种子，其植株大多生长在荒漠地区。这是为什么呢？其实，这些黏液是种子为适应环境，而逐渐进化出的生物学特性。首先，荒漠地区干旱少雨，水分是制约种子萌发的重要因素，而种子黏液有吸水和保水能力，类似于"微型水库"，为种子萌发提供了保障，它是植物适应干旱条件而生的。

其次，种子黏液吸水后能黏附周围沙粒，使种子"大粒化"，防止被风雨从母株附近带到较远的、不利于生存的环境中。同时，这种"大粒化"还能防止蚂蚁采食，或是增加蚂蚁搬运种子的难度和时间，使种子在被搬完之前，其他"小伙伴"有充裕时间萌发。

再次，种子黏液可作为润滑剂，帮助种子更好地沉降到地表下方，以获得适宜萌发的光照和水分条件，利于根系在土壤中"安营扎寨"。

| 万物归吃 |

作为一种有着悠久食用历史的绿色食品原料，奇亚籽的吃法五花八门。在国外，除单独食用外，奇亚籽还被作为功能食品添加到饮料、饼干、面包、零食、酸奶、蔬菜沙拉等食品中。也有人将奇亚籽添加到饲料中，用以提升动物制品的品质。在国内，我们可以在网店或大型超市中看到黄色的奇亚籽花生酱，五颜六色的奇亚籽饮料，以及添加了奇亚籽的燕麦片、黑芝麻粉，更常见的吃法还是和大米、小米、燕麦等谷物一起煲饭或煲粥。奇亚籽体积较小，吃起来有股淡淡的草籽般的青涩味道，将其加入饮料或粥中，可以给人一种黏糊糊、滑溜溜的独特口感；而加入到

饼干、面包等固体食物则更多是出于营养考虑。

在自然界，为适应多姿多彩的环境，动植物进化出一项又一项独特本领。不过，这些对人类而言便成了"舌尖上的美味""大自然的馈赠"……真可谓"万物归吃"。

好了，先聊到这吧，我肚子饿了……

掺丝捣缕话汤饼

黄　璐

汤饼，也就是现在的小麦面条，是来自西亚的小麦邂逅中国厨艺而产生的古老食物。如今，2 000多年过去了，它依旧散发着巨大的魅力：中学课本里《一碗阳春面》的故事，待我成年后才真正体味出了其中的滋味；小说《白鹿原》里的那碗油泼面充满了豪爽的关中风情，让读书少年馋得不行；情窦初开时看电影《爱情呼叫转移》，一碗引发婚变的炸酱面，令人为那些身在其中却视爱情不见的情侣惋惜；而香港电视剧里的经典台词"我给你下碗面吃"，则是无数"80后"脑海中挥之不去的温馨记忆。那么，中国的面条究竟是怎么来的呢？

｜从小麦到面粉｜

小麦是世界上最大的粮食交易品。世界上有1/3的人将小麦作为主食。小麦的原产地在西亚。人们将其从野生状态驯化成适合农业种植的状态。这个颇具传奇色彩的农作物传播得相当广

49

泛，先后养育了美索不达米亚、古埃及、古印度、古希腊、古罗马等大家熟知的古代文明。而我们中国，则是个例外。

小麦传入中国很早，商周时代的甲骨文中就有其身影。"麦"最早在甲骨文中写作"来"，本意是指小麦，字形表示为叶子对生的麦子，字意为麦子这种植物是外来的，是自异域引进中原的。也就是说，小麦在被中国文字记录下来的那一刻，就已经明示了外来者的身份。《说文解字》中记载："麦，天所来也。"意思是麦子是上天恩赐的外来之物。

前几年，植物考古学家用加速器质谱测年方法确定了小麦真正定居中国大地的时间，距今 4 000～4 500 年前。但考古证据和史料均显示，直到 2 000 多年前的汉代，中国北方的主要农作物依旧是粟（谷子）和黍（穈子）。也就是说，小麦虽然来得早，但并不受欢迎。原因是外来农作物"水土不服"：出产自地中海气候地区的小麦，想在中国北方的季风气候下茁壮成长并不是件容易的事。当时，我国的灌溉系统并不普及，小麦生长又需要大量的水，如此"娇气"自然不受农民待见。

小麦在我国长时间未占据餐桌的主流地位，还与历史文化有关——中国人习惯于将谷子、稻米整粒地煮熟、蒸熟做成粥饭，对于外来的粮食小麦，也"照本宣科"，将整个麦粒做成麦饭食用。但这样做实在是不好吃。后来，人们将麦粒碾成类似玉米子的"麦屑"，但还是沿袭又蒸又煮的烹饪方法。这样做出的麦饭既不好吃，也不太好消化。因此，2 000 多年过去了，小麦始终未能得到推广普及。直至唐代初期，大儒颜师古还说："麦饭豆羹，皆野人农夫之食耳。"意思是用麦粒煮的饭、豆子煮的汤是穷人吃的。

你或许会好奇，难道中国古人不会将麦子磨成面粉再吃吗？根据考古发现，在新石器时期，中国先民使用石磨盘、石磨棒粉碎植物或种子，将其脱粒去壳。目前发现的早期可以磨面粉的石磨考古实物多在秦汉时期，由上下两块圆盘磨盘组成，也就是我们熟知的传统石磨。但要想获得大量面粉，靠一家一户用驴或人力拉磨显然效率太过低下。而商业磨坊则是依靠水力拉磨。两汉魏晋时期，灌渠、运河等水利设施足够发达后，中国北方才有大型磨坊诞生。但即便如此，磨出的面粉也价格不菲，因此，做出的面食仅供王公贵族享用。文学典籍中经常出现的著名面食——炊饼也好，馒头也罢，还有咱们今天的主角汤饼，都是以点心的身份出现的，并非现在的主食。

| 从面粉到汤饼 |

现代食品科学的发展让我们清晰地认识到面粉变成面团再到面条的神奇过程：面粉加水充分混合，小麦蛋白吸水膨胀，小麦淀粉也同时吸收水分；反复揉搓后，水化作用继续，小麦面筋蛋白形成链条，面筋网状结构开始形成，小麦粉变成了粗糙的面团；再静置一会儿，让水分继续渗透，面筋继续形成，小麦粉面筋蛋白则填充在面筋网状结构中，让面团变得光滑，更易延展、

更具可塑性；再将面团通过拉伸、挤压或者擀压的方法做成更细更长的条状，面条就做成了。

对古人而言，"面"指小麦面粉，"饼"是"并"的意思，指水面调和，合二为一。也就是说，所有用小麦粉做的食物皆可称为饼。人们把面粉和水制作的面团，经水煮的叫水溲饼，蒸的叫煮饼，油炸的叫油饼，烙制的叫炊饼。

具体来说，面团是怎么被做成长条状的面条的呢？北魏的《齐民要术》里有专门的饼法章节，详细记载了水引、馎饦的做法。"水引：挼（揉搓）如箸大，一尺一断，盘中盛水浸，宜以手临铛上，挼令薄如韭叶，逐沸煮。馎饦：挼如大指许，二寸一断，着水盆中浸，宜以手向盆旁挼使极薄，皆急火逐沸熟煮。非直光白可爱，亦自滑美殊常。"这样看来，水引这种面条的做法是，用手将面揉搓成筷子粗细，掐成一尺长，浸泡在盛水的盘子里，用手按成韭菜叶般厚度，然后下锅煮；馎饦这种面条则是拇指粗细，掐成二寸长的段，放在水盆里，下锅之前也需将其按薄。水引和今天的面条比较像，较细较长，而馎饦更像是面片儿。我推测，当时面粉太金贵，人们舍不得将其撒在案板上作为揉面的介质，才借助水将面抻薄。这两种汤饼远不如今天的面条做得精细。

唐代的汤饼依旧是贵族食品，《新唐书·后妃传》中记载了玄宗皇后王氏"斗面为生日汤饼"的故事。皇后的父亲曾在玄宗生日时为他做汤饼来庆祝生日。这种汤饼还叫作牢丸、不托。宋代程大昌的《演繁露》记载："古之汤饼，皆手搏而劈置汤中，后世改用刀几，乃名不托，言不以掌托也。"据此分析，唐代汤饼既有随手劈置、呈丸状的馎饦，也有用案几刀切而成的不托。

唐代的另一种时兴汤饼叫做冷淘。其中最受欢迎的是槐叶冷淘，用槐叶汁和面，煮好后用冰水冰镇，是消暑纳凉的佳品，可算是冷面的前身。也有人用甘菊汁和面制面。清朝，潘荣陛在《帝京岁时纪胜·夏至》写道："（冷淘）发展至近代，则为各种花色冷面，惟不用槐叶或甘菊。"

| 从"北面"到"南面" |

"南人食米，北人食面"的饮食格局我国自古有之，并沿袭至今。这与主要食材原料的种植地有关——南方主要种植水稻，自然以食米为主；而小麦的种植大多分布在北方，北方人理所当然吃面食较多。

直到宋代，国家整体经济实力和生产力得到空前发展，小麦在南方才得到了大面积推广。尤其是在南宋时期，大量北方人南下，南北的饮食习惯在交融碰撞中演变出了各种花样，杭州街头上出现了各种面食店。孟元老的《东京梦华录》、吴自牧的《梦粱录》和周密《武林旧事》等书籍中记载的南方面食品种就有三四十种。

元代忽思慧所撰《饮膳正要》，介绍了20多种面条，还记载了可以长期保存的"干面条"，和我们今天的挂面基本相同。

此时，面条的制作工艺也发生了变化，有揉、切、抻、揪、挼（按）等多种做法。

明代宋诩著的《宋氏养生部》，介绍了拉面的做法："于分切如巨擘。渐以两手扯长缠络于直指、将指、无名指之间，为细条。先做沸汤，随扯随煮，视其熟而先浮者先取之。"这和今天的兰州牛肉面、新疆拉条子的制作工艺基本相同。

｜从饱腹营养到家的味道｜

古人云："米能养脾，麦能补心。"从现代营养学的角度来说，小麦比大米含有更多的蛋白质。蛋白质不仅是人体新陈代谢的必需品，还是三大能量营养素之一。此外，蛋白质要比碳水化合物消化得慢，食用等量的面条会比米饭更耐饿。不过，面条中的 B 族维生素会在煮制过程中溶于水。这么看起来，"原汤化原食"是有一定科学道理的。您下次吃面不妨喝点面汤。从膳食搭配的角度来说，米饭中所含的 B 族维生素很丰富，日常饮食交替食用米饭、面条，更符合健康饮食理念。清代人李渔在《闲情偶寄·饮馔部》中也说："一日三餐，二米一面，是酌南北之中，而善处心脾之道也。"

对很多人来说，面条就是家的味道——或许是河南人清早醒神吃的那碗羊肉烩面；或许是山东人放了新鲜沙蚬肉的打卤面；或许是甘肃人那碗放了自酿粮食醋的手擀臊子面；或许是温州人感冒时吃的姜蛋面；或许是新疆人一定要剩一碗第二天再吃的羊肉汤饭。

　　您家那碗面条的味道，是怎样的呢？

煮熟稻谷得先"挖坑"

杨玉慧

40多年前，在我生活的鲁西北农村地区，大米饭是稀罕物。华北平原一向以面食为主，白的是麦子打成的面粉，黄的是玉米面、黄豆面……有一年春节，远方亲戚送来一袋子大米，让全村人都羡慕不已。

那个年代，米饭好吃，但做起来可真是相当麻烦。妈妈按家里吃饭人口抓出几把米，放在一个大盆里，放上很多水，双手端盆晃啊晃啊，然后静置，再一点点小心地挑出大米里的沙子。家里有两个灶：一个是拉风箱烧火的那种大锅灶，奶奶用来炒菜；还有一个是蜂窝煤炉子，平时烧水带取暖，大米饭就在这个炉子上做。妈妈把洗好的大米倒在锅里，水量漫过米粒两指，先把炉子捅旺，嘱咐我们："看着锅，哪里也别去，等到锅开了，把炉子封上一多半（进风口只留一道缝），用小火慢慢煮就可以了。"

很显然，对一名儿童来讲，焖米饭的任务太过艰巨。我记得有一次把炉子全封死了，火灭了，米饭夹生还有很多水，老妈回来后干脆多倒了一些水，给煮成粥了。还有一次，我被后院小伙伴招呼着玩去了，忘了封炉子，回来以后看到老妈正在心疼地处理着半锅黑乎乎的锅巴。年幼的我非常自责，那时候就想，要是有一种专用的锅来焖米饭多好呀，不需要人看着，就能做出不夹生也不煳的香米饭。

谁能想到，曾经被认为是异想天开的愿望没用多久竟然实现了。现在，每当我吃着香糯的米饭，我都会赞叹科技进步，感慨生活的变化。不过，我也经常有个疑问：古时候的人们是怎么做米饭的呢？

史前人类以狩猎为主要生存手段，茹毛饮血，辛苦生存。某天，有个聪明的长者发现了一个规律，就是有一种植物，到了秋天结出来的穗子里，有带甜味的能吃的种子，而且更为神奇的是，年年秋天，在同一块土地上，都会长出同样的植物。

从此人类掀开了进化史上的新篇章——农耕文明时代，那是距现在 1 万多年的时候。可这没去壳的生米粒子嚼不动啊，咽下去也不能消化，长不了"劲儿"。困难阻止不了"吃货"前进的步伐。此时，人类早就已经学会了用火。用火不是能把肉烤熟吗？而且还特别香！那就试试用火吧。但是用火怎么把坚硬的稻谷弄熟呢？直接烤？那只能越烤越硬！换个思路吧，火烤过干巴巴的，那是不是加上水再加热就不至于那么干了呢？这也没有什么家伙儿能把稻谷和水放一块儿啊？挖个坑吧，放入稻谷，倒进去水。但下一个问题是：这坑里不能点火啊。欸，可以把大石头用火烧热，记得上次取烤肉的时候，碰上了火堆旁边的石块很烫的。对，把烧热的石头投入放了稻谷和水的坑里，用石头的温度提高水的温度。没多久就隐隐闻到了谷物煮熟后特有的香味儿，赶紧呼朋引伴，"快来快来，有东西吃啦！"这种"煮米粥"的方法叫"石烹"，虽不美味但却可以饱腹。人类为了吃饱肚子，可真是不容易啊！

接下来的岁月里，人们会制造的工具越来越多，而陶器的出现，使得我们有了真正意义上的"锅"，能够把米放到陶罐里煮了，这个阶段叫"陶烹"，比在地上挖坑强多了。当然，米还是很珍贵的，所以寻常百姓家一般用米来煮粥，只有非富即贵的人家才用"蒸锅"蒸米饭吃，放米的器皿类似现代的"箅子"，那"蒸锅"则叫"甑"。

后来，人类进入青铜器时代、铁器时代，用于做饭的器皿也越来越精致。

秦汉时期，人的活动范围空前增大，人口流动性强。尤其是行军打仗，除了伙头兵给大家做饭，每个士兵都需要随身带一些粮食。生米是没法直接吃的，而蒸米饭又不好保存。我们智慧的先人们，竟然发明了一种"干饭"。就是那个"你吃几碗干饭"的"干饭"。名副其实的干！蒸好的米饭不是不好保存吗？那就晒！蒸熟以后晒。晒得一点水分都没有，士兵们每人带一小袋，随食随取，特别像一种方便食品。这种军粮叫"糗"。

"糗"的优点是便于携带，保质期可以很长，而缺点也很明显，就是——费牙，还不容易消化，所以基本只在行军的时候充饥。一旦安营扎寨，可以埋锅做饭了，士兵们就会赶紧把"糒"投入热水中，泡一泡再吃，这叫"飧"。看看这种做法是不是觉得有点熟悉？是的，"飧"的做法很像现在的"水泡饭"，细想起来，二者还真是有很多共同之处：都是用熟米饭泡水吃，这么做都是为了省事省时间。

当然，随着时代的发展、农业的进步，稻谷的产量有所增加，吃得起米饭的人越来越多，吃的方法也是五花八门。

米饭，煮之后捞出来再蒸=捞饭；

米饭+酱汁+菜=盖饭；

米饭+菜蒸着吃=菜饭；

米饭+菜+鸡蛋炒着吃=炒饭；

剩饭+多种剩菜+水煮着吃=烩饭

…………

人们也越来越讲求米饭的口感和营养，除了米本身的品种和质量，对锅的要求也越来越高。当然，我小时候那种铁锅焖饭的做法早已被淘汰了，电饭煲是目前厨房里最常见的电器。此外，电压力锅也想来抢占电饭煲的地盘，越来越多的电压力锅都配备一锅两胆，一个是炖肉的不锈钢胆，一个就是做米饭的不粘锅胆。

用电压力锅焖米饭，用时短省能源，而且米粒在高压作用下更容易糊化，营养物质释放更加充分，唯一的不足之处在于容积，现在电饭煲可以做得很小很精致，适合胃口不大的两口之家，而电压力锅比较大，人口少或者食量小的家庭每次只能焖一锅底的饭，用水量不好把控，容易把饭做得特别干或者做成粥。

匠 心 研 煮
满 足 中 国 味

王潍青

有一段时间，电饭煲忽然出现在了各大媒体的头条位置，全因中国游客在日本的抢购风潮。按理说，硕大的电饭煲，别说是出国购买了，即使是在国内购买，不开车的情况下带回家也颇有些费事，而且相比国内大多千元以下的电饭煲，日本产品动辄便是四五千元人民币，贵了不是一点点，而且还面临着售后没有保证，电源电压与国内不符等问题。

究其原因，是很多人认为好的电饭煲煮出来的米饭会好吃，同样质量的大米，一个锅煮出来的叫吃饭，一个锅煮出来叫享受美食。

目前，日本大部分电饭煲采用了电磁加热工艺，内胆加热更均匀，最大限度地保证了米饭的含水量恒定，以达到完美的口感。一些电饭煲还采用了微压力技术，让锅内的水温达到105℃，煮出来的米饭，硬度更适中，米粒受热均匀，膨胀得更充分与饱满，能够增加米饭的甜味与黏糯度。

但问题是，虽说外来的和尚好念经，但是用外国锅真能做出有"中国味"的好米饭吗？因为日本米和中国米是有区别的，所以即使选用日本的高端电饭锅，也很难焖煮出口感恰到好处的中国米饭。很多从日本选购电饭煲回国的朋友，会发现用它煮出来的饭并没有想象中那么好吃，甚至如果"盲品"两个锅做的饭，根本就很难分辨。所以从这一点来说，中国人生产的电饭煲烹饪中国大米更有优势。

中国人向来谦逊好学，如今家电市场上，各式高端国产电饭煲产品层出不穷，比如 IH（电磁加热）模式加热，模仿柴火灶煮饭等技术越来越稳定，您不妨多比较多看看，选择能满足自己家庭成员米饭口感偏好的电饭煲。

| 中国造加热方式在进步 |

底盘加热：这个最常见，就是锅底下有一圈加热丝加热。

电磁加热：千元以上的高端电饭煲会使用这种技术，比较复杂，会使加热更快，温度更高，要求独立的散热技术来支撑。很多从日本买回来的电饭煲就是使用了这种技术。现在国内的电磁加热技术也已经很成熟了。

上下立体加热：不仅底盘加热，电饭煲顶部也可加热，蒸煮的过程更短。

三维立体加热：整个内胆上下左右全部都可以加热，最大化防止了水蒸气回流，用这种方式蒸煮出的米饭味道相当好。

| 中国造内胆也很强 |

好的电饭煲内胆能让电饭煲使用起来更加得心应手，比如合金、陶晶、黑晶、远红外、釜胆、铝合金、黄晶蜂窝、不粘涂层、不锈钢等各种材质。其实去除掉很多充满噱头的卖点以及一些高深的原理，对于大多家庭的煮饭需求而言，内胆最重要的功能就是不粘。因为一旦粘锅，不仅可能会出现煳味而且还费米，且口感也会受到极大的影响。同时中国北方的大米糯性比较大，国内的不粘锅内胆会专门针对大米的糯性进行特殊加工，减少清洁的麻烦。

国产电饭煲的内胆技术是很过硬的，如不粘性、耐磨性都不错。即使是低至一二百元的电饭煲，也有一层不粘涂层，当然了，其耐久性和耐磨性肯定不如黑晶或陶晶材质。不过，只要是用国家允许的材料，健康性还是有保障的。应尽量使用专配的非金属锅铲来取饭，最大限度地避免产生划痕。

| 中国造功率更适宜 |

电饭煲的功率值一般为 200～1 500 瓦。选择哪种功率的电饭煲方法很简单，功率越大的煮饭时间就越短，一般容量小的电饭煲功率也就小一些。我国的电饭煲功率相对而言会大一些，对于人口较多或者食量较大的家庭会更加适用。我们曾经做过实验，拆解一部分国产电饭煲，发现其内部线路在安全性方面做得也是非常棒的。

| 中国造价格有优势 |

电饭煲的价格可能属于跨度较大的小家电了，从几十元到三四万元的都有，一般如果只是单纯两人吃饭，对于口感没有过高的要求，100元左右的就可以了，200元以上的功能会多一些，300元以上的会搭配智能系统,个人感觉预约煮饭功能比较实用。早上预约好时间，晚上下班到家就能吃到热腾腾的饭。至于那些1 000元以上的，就属于对米饭口感要求比较高的群体所选择的方向了。

| 中国米做法有讲究 |

当然了，除了煮饭用的煲好，米的质量也决定了米饭的口感。此外，淘洗方法和浸泡时间需要逐步摸索，找出更适宜自己口感偏好的方法。

做法推荐：

1. 将大米淘洗干净（有的人做米饭时会将大米反复淘洗，这样会损失部分的营养，但是味道会更好一些），放入电饭煲中，加入适量清水（水量跟米应达到1∶1，尽量选用纯净水），针对米和电饭煲的不同要略有区别，浸泡半小时至一小时让米吸足水分。

2. 煮之前滴入几滴米糠油，如果没有，色拉油也可以。盖上盖子，按下煮饭键开始煮饭，直至米饭煮熟切换至保温模式。将热气腾腾的米饭上下翻动至蓬松后，继续焖上几分钟，松软晶莹又粒粒分明的米饭就做好啦。

"匠心"二字，不仅要求企业生产电饭煲时要耐得住寂寞，将工匠精神作为最基本的要素；大米的种植者也要有"匠心"，将最好的米提供给消费者；而消费者也绝不仅仅是淘米、加水，按下蒸煮键这么简单，作为直接的烹饪者，"匠心"所在才能真正烹制出美味。一样的锅，一样的米，一样的水，不一样的人，就有了不一样的做法，"用心"才是最重要的！

漫说日式乌冬

李 娜

偶有闲暇一个人逛商场，饿了便会找家日式乌冬面馆祭五脏庙。一方面是吃面暖和、快捷、方便，碳水化合物供能快速，可以迅速缓解逛店、试鞋、换衣服，以及考虑价格、质地、耐穿度等各种因素来做选择题的疲惫感；二是日式面店点餐、取餐基本形式是自助，顾客和服务员交流的过程简单，等餐的时间也比较短；三是日式乌冬面馆就餐环境对单独吃饭的人来说更加友好，很多顾客都是独自就餐——不用寒暄和顾及个人形象。要知道畅快淋漓地大口"吸"面条的快乐，非亲身体验不能说清。

我国吃面的社交礼仪要求尽量不出声，但日式乌冬面的"标准"吃法，就是"唏哩呼噜"地把面条吸进口中，虽然不用比拼谁的声音更大，但也不会因为要吃相文雅而放弃大口吸面条的快感。坊间传言说，这样吃面是为了表达对厨师高超技艺的赞美。但我猜想这和日式乌冬面的另一个吃面规矩相关，就是一筷子挑上来的面条无论多长，中间不能咬断，必须一口气吃完。这样吃面，不靠吸恐怕是不成的。

日本面条的诞生与发展与我国很相像。小麦和面条大约在唐代随佛教传入日本。但受到米饭为主的饮食习惯与种植困难等因素的影响，直到 17 世纪初期的江户时代，面食才得以在日本普及。除做点心、馅食外，日本人的面食主要是面条。

| 清爽的锅捞 |

我喜欢乌冬面，大抵是因为它真的清爽。其中，锅捞乌冬面就是它"小清新"的最好代表。一个小木盆装着新煮熟的乌冬面，面条上是切得碎碎的绿色葱花，汤是没有加任何调味的面汤。锅捞乌冬面真的很像天津人说的"锅挑儿"——从锅里挑出来热腾腾的面条，不浸凉水。这锅捞乌冬面，面碗里除了葱花什么都不加。吃的时候，挑出一筷子面条，放入一个稍小的碗里略蘸些"出汁"，就放进嘴里。讲究的是吃一口、蘸一口。"出汁"的基本配方是酱油和味醂（口感偏甜的日式料酒）。食客可以根据自己的需要放姜末、蒜泥、白萝卜泥、天妇罗碎（油炸的面糊碎）、七味唐辛子（复合味道的辣子面）等。但无论如何，"出汁"绝无油性，追求的是突出面条筋道的口感、面粉质朴的甜香。调味料只是锦上添花，绝不喧宾夺主。正所谓，面条蘸汁不泡汁，滋味清淡不寡淡。

面条不泡在汤汁里，大抵是为了最大限度保留其爽滑、有弹性的口感。若说国内有什么面的口感像乌冬，大家可以想想新疆的拉条子和陕西的裤带面。但因为乌冬的横截面更粗一些，所以与上面两种面相比，筋道程度有过之而无不及。乌冬面的醒面时间根据季节有所区别，最短要 2 小时，最长则为一夜。醒好的乌冬要经人工大力揉面，揉面过程简单直接：人脚踩。具体方法是着一双干净的专用袜，大力、来回踩压。即便是在寒冷的冬季，揉面工完成工作后也会出一身大汗。您大可不必为此忌讳不敢进店吃面，国内面馆的乌冬面都是手工操作加机器辅助，没有脚的事。

| 热闹的咖喱 |

乌冬面也有场面热闹，配置豪华的，比如咖喱乌冬：除了咖喱汤底，里面还有洋葱、胡萝卜等蔬菜，肥牛肉片，以及鸡蛋。有的还要加上鱼饼、油豆腐、海虾、香菇之类的配菜，基本上可以和天津的打卤面媲美了——有面、有卤、有配菜。咖喱有个缺点，黄中带灰的颜色不大讨喜。但除此之外，日式咖喱的口感基本可以算得上完美——咸甜平衡，含有大量果蔬，配饭下面皆可，而且老少皆宜。因此，国内无论大小日资超市货架上，总会排放一大排的咖喱块、咖喱粉供消费者选择。辣度有微辣、中等辣、特辣，内含物有鸡肉、牛肉、猪肉，总之品种繁多。

正宗的乌冬面馆会自己熬制咖喱汤底，一般的大众食材有咖喱粉、洋葱、胡萝卜、菜花、肉、奶油、牛奶，特别不能少的是苹果和少许蜂蜜。苹果与蜂蜜的甜味可以很好地中和咖喱粉的辛辣味道，让其入口更加温和。日式咖喱因为内含很多淀粉丰富的食材，所以整体上来说有一种勾过芡的感觉。所以，它作为一种浇头，是浓稠的，一样可以不抢主角乌冬面弹劲、爽滑的卖点。

如果您下次前往日本旅游，不妨去一趟日本西南四国岛东北部的香川县。那里的赞岐乌冬面作为地域特色美食，闻名遐迩。在香川县中文旅游官方网站上，排名第 1 位的美食便是乌冬面。香川县的乌冬面馆约有 600 家，而日本首都东京的麦当劳也不过 500 家。可见，乌冬面这种食物有多大的影响力。

鱼 味 与 渔 趣

黄 璐

若说起水中出产的好味道，鱼当之无愧名列榜首——武昌鱼产于水流激荡的长江，仅用姜丝、豉油清蒸就能将其"鲜"之妙处展现得酣畅淋漓；鳙鱼丰美全在鱼头，大锅炖煮氤氲出的缕缕水汽可构筑成让人沉醉其中的美食陷阱；黄辣丁小小一条，却天赋异禀——不腥肉嫩无小刺，居然还没有磷，丢进麻辣火锅稍微涮涮就能让食客吃得眼睛发光；刀鱼那傲人的脂肪比例是其香味之源，用最简单的火炙，再加一小撮精盐就能给人以惊艳；鳜鱼被安徽人赋予了神奇的新生命——臭出别有洞天的香；至于天津卫老太太人人都会做的家熬鳎目鱼，奇妙之处在于上至九十九，下至刚会走，都爱拿它来下饭。

| 食 鱼 |

鱼是生活在水中的脊椎动物，有腮、无四肢，靠鳍来运动。鱼肉含有 15%～20% 的蛋白质，能够为人类提供必需营养素。鱼的种类很多，截至 2017 年 10 月，全世界约有 3.37 万种已命名的鱼类。有趣的是，它们拥有约 32 万个常用名。也就是说，每一种鱼都差不多有 9 个名字。人类食用鱼的历史很悠久。在北京周口店的田园洞人遗址中，考古人员发现了成堆的鱼骨。这说明大约从 4 万年以前的旧石器时代开始，原始人就把鱼肉当作了日常饮食的主角。

我国拥有鱼类约 2 700 种，其中淡水鱼约 1 000 种，海洋鱼约 1 700 种，但其中常见且可食用、产量高的经济鱼类并不多——淡水鱼不过 100 多种，海洋鱼也就六七十种。如今，市场上出售的进口鱼品种多样，对早就吃腻了国产鱼的中国饕客而言，颇有吸引力。

从世界范围来看，有记载且能够考证的古代文明都是依托于淡水水系的大江大河建立起来的，比如长江、黄河之旁的古中国文明，恒河水畔的古印度文明，幼发拉底河和底格里斯河成就的古巴比伦文明，尼罗河哺育出的古埃及文明。一方面，人类的日常生活以及开展农耕、畜牧等生产活动都需要大量的淡水资源，依水而居能方便地解决水源问题；另一方面，有水的地方就有鱼，可以给人们提供丰富的食物资源。

| 捕　鱼 |

古代先民喜欢以部落首领的特长或开创性的文明功绩来敬称他们，比如大家熟知的"炎帝"善用火，"黄帝"则有土德之

瑞，而土色黄，故称黄帝。最早推广捕鱼垂钓等渔业的首领叫作"鲧"。大家可能不太熟悉鲧，但对他的儿子——禹，应该并不陌生。禹的家族不仅以捕鱼为生，还参与了洪水治理。《说文解字》中说："鲧，鱼也。"从金文的撰写方式来看，"鲧"字左边是鱼，右边是人手持钓竿、钓线，表示钓鱼的意思。

从鲧开始，智慧勤劳的中国人发明了各种渔具，比如弓箭、鱼漂、鱼叉、鱼钩、鱼网、鱼筌等。商代时，人们用网具和钓具在黄河中下游地区捕鱼；唐代时，生活在长江、珠江及其支流流域的人们开始驯养鸬鹚和水獭捕鱼；宋、元、明、清时，我国的海洋捕捞渔业发展迅速，从近海岸逐渐向外海扩展，并出现了专门捕捞某一种经济鱼的渔民。

世界上，除一些含盐量过高或遭受严重污染的河流、湖泊外，大部分水系里都有鱼。但古人从很早就认识到：鱼并不是取之不竭的食物资源。清初文学家李渔曾在《闲情偶寄》中说："鱼之为种也，似粟千斯仓而万斯箱，皆于一腹焉寄之。苟无沙汰之人，则此千斯仓而万斯箱者生生不已，又变为恒河沙数。至恒河沙数之一变再变，以至千百变，竟无一物可以喻之，不几充塞江河而为陆地，舟楫之往来，能无恙乎？故渔人之取鱼虾，与樵人之伐草木，皆取所当取，伐所不得不伐者也。我辈食鱼虾之罪，较食他物为稍轻。兹为约法数章，虽难比乎祥刑，亦稍差于酷吏。"

如今，人类对环境问题的重视程度越来越高。为了让海洋生物休养生息，海洋环境得以修复，很多国家和地区都会根据鱼类的繁育时间制定休渔期,还会规定渔网的孔径大小、捕鱼的方式,等等。不一网打尽,不竭泽而渔,是能让我们更长久地吃到鲜美鱼类的大前提。而且,由于给予了鱼儿们充分的生长周期,捕到"大鱼"的概率提高了——鱼,变得更加好吃了。

| 养 鱼 |

我国是世界上较早开始以食用为目的开展养鱼的国家之一。在殷商时代,人们把在天然水域里捕到的鱼,放在封闭的池沼中生长,需要吃的时候将其捞出来。这项池塘养鱼技术在战国时代便得以普及。西汉时期,人们不仅开始在湖泊里养鱼,还挑出经济价值更大的品种——鲤鱼来单独养殖。古人还会在池塘里种植莲、茨等植物,既给鲤鱼当食物,还能收获莲子、茨实卖钱。东汉时期,人们开始在稻田里养鱼,建立了稻、鱼共生的生态农业模式。唐朝时,人们会主动投喂饲料,促进池鱼快速生长。而且,随着鱼苗需求量的增加,社会上还出现了培养鱼苗的专业技术人员。再到宋代,我国拥有了将鲤鱼、青鱼、草鱼、鲢鱼和鳙鱼等进行混养的养殖技术。明清时代,养鱼业有了更大的发展,不仅出现了河道养鱼、海边池养,还有了桑基-鱼塘养鱼和果基-鱼塘养鱼等环境和渔业能够和谐共生的人工生态渔业系统。

古人究竟为啥这么有动力、有激情地从事捕鱼和养鱼事业呢?

答案当然是因为:鱼是水中最鲜美的好味。

虾"兵"蟹"将"

黄 璐

虾兵蟹将，通常是指中国古代神话传说或者志怪小说里海龙王手下的兵将，后用来比喻敌人的爪牙或不中用的小喽罗。这个成语出自明末冯梦龙的《警世通言》的第四十卷《旌阳宫铁树镇妖》。我对于虾兵蟹将深刻的印象则是电视剧《西游记》中孙悟空去水晶宫"借"定海神针时，一路上遇到的水族兵士，还有动画电影《哪吒闹海》里与哪吒对阵的海族兵将。

|"兵"多还是"将"多|

行军布阵一般来说是兵多将少。那么，现实世界里，大海中的虾和蟹也是这样的数量关系吗？虾的种类的确繁多，但我们爱吃、能买到的虾的品种却和蟹差不多。据统计，全世界约有3 000种虾。不过，按照联合国粮农组织（FAO）的名录，具有商业价值或具有潜在商业价值的虾仅有300多种，约占总数的十分之一。从全球市场来看，能够经受住经济性和美味性双重考验的虾的品

74

种就更少了，我们常见的可食用虾有 20～40 种。至于螃蟹，全世界约有 6 800 种，中国约有 800 种。我国山东、江苏、福建都是食用螃蟹的著名产地。按照联合国粮农组织名录，全球具有商业捕获价值的蟹仅有 40 种。

从种类上来看，虾和蟹相差不大，但从产量来看，虾兵似乎能"赢"蟹将。根据联合国粮农组织数据，2007 年全球虾产量（含捕捞及养殖）达 652.9 万吨。其中，捕捞虾产量为 325.33 万吨，养殖虾产量为 327.57 万吨。同期，全球每年捕获、养殖并消费的螃蟹总量约 150 万吨，其数量远不如虾，确实是兵多将少。对于中国人而言，餐桌上见到虾的次数也要比见到蟹的次数多。

｜虾蟹分"真""假"｜

水产品的名字有真假之分，比如鱿鱼就不是鱼。想要分清楚是李逵还是李鬼，必须要看海产品的生物学拉丁名。从生物学分类和名称是否相符的角度来说，虾蟹皆有"真假"之分。狭义的虾，也就是真虾，一般指软甲纲十足目下的真虾下目和枝鳃亚目。真虾下目的代表品种是褐虾、北极虾和牡丹虾等，而中国人熟知的几种大虾，比如明虾（中国对虾）、草虾（斑节对虾）、基围虾（砂虾）则属于枝鳃亚目下的对虾总科。做虾皮用的毛虾，则属于枝鳃亚目下的樱虾总科。

除此之外，其他名字里带有虾字的软甲纲动物，可以被称为"假虾"，比如我们熟悉的龙虾、小龙虾、波士顿龙虾等龙虾一族，以及磷虾、皮皮虾、蝉虾和海螯虾等，也都不是生物学意义上的真虾。

真蟹，一般指软甲纲十足目腹胚亚目短尾下目的品种。我们熟悉的梭子蟹、大闸蟹、天津紫蟹、潮汕赤蟹等都是中国本地的真螃蟹。蓝蟹、红毛蟹、面包蟹、雪蟹等是外国真蟹。位于全球顶级食材行列、近几年进入中国的帝王蟹，并非生物学意义上的真螃蟹，属于十足目歪尾下目石蟹总科。我们经常能在海边看到的寄居蟹是属于歪尾下目的"假蟹"。

| 吃虾食蟹 |

如今，人们为了健康的需求，普遍认识到吃肉的要义，不再一味食用牛羊肉等陆生动物的肉，越来越倾向于吃海产品。从营养价值和美味程度来说，虾蟹的综合分数确实远高于其他产肉的动物。所以，让我们暂且抛开生物学上的"真假"虾蟹概念，一起聊聊那些名字里带有虾蟹字样的水产美味们。

清代文人李渔对美食颇有研究，他在《闲情偶寄》中写道："虾为荤食所必需，犹甘草于药也。善治荤食者，以焯虾之汤，和入诸品，则物物皆鲜。"由此可见他对虾的推崇。看来，如今流行的"虾吃虾涮"，和古代美食大家的认知不谋而合——好虾水煮即成美味。有一次，我有幸在崇明岛吃到了刚捕上岸 1 小时的毛虾。这种虾虽只是用来做虾皮的，不够名贵，且毛多、个头小，有些扎嘴，但仅用白灼这种至简方法，方一入口便令人明白

"鲜活"二字对于虾的美味有多大影响。与活虾不同,海捕后经过冷冻的虾,必要借助其他调味料,如用葱、姜、料酒去其腥气。

说起来,笔者大爱的虾的做法为以下三种:一为油焖虾——以酱油为主味,再靠与虾等量多的葱姜蒜去腥佐味,以油烹之,其味香浓尤甚虾鲜;二为番茄烧虾——以酸甜番茄汁为主味,配合虾肉鲜甜,尤为开胃;三为冬阴功汤——香茅与椰汁的异国风情,让虾变得酸、甜、香、辣,十分爽口。

李渔爱虾更爱蟹。他说:"独于蟹螯一物,心能嗜之,口能甘之,无论终身一日皆不能忘之。予嗜此一生,每岁于蟹之未出时,即储钱以待。"他觉得,蟹羹失其美质,蟹脍腻且不存其真味,最恨将蟹切半用油、盐、豆粉煎制,使得蟹的色、香以及真味全失。他认为"蟹之鲜而肥,甘而腻,白似玉而黄似金,已造色香味三者之至极,更无一物可以上之"。所以,蟹最适宜的吃法,是活蟹整只蒸熟,放在冰盘上,任食客自取自食。虽然吃蟹剥壳比较麻烦,但只有自己"旋剥旋食"才能食其真味——"此与好香必须自焚,好茶必须自斟,僮仆虽多,不能任其力者,同出一理。"

我有一次在亲戚家过年,吃到了整只冷冻的帝王蟹。因亲戚家中炊具略小,蒸的时间有些过,蟹肉虽多,但略显老而柴。我一边吃蟹一边感慨:此生应向李渔学习,多攒些吃蟹的"救命钱"。哪怕是"假蟹",若是能吃一次鲜活的帝王蟹,此生无憾矣。

小牡蛎，大"蚝"情

杨传芝

不少朋友在过节期间吃腻了大鱼大肉，想换个口味尝尝鲜，您可以试试牡蛎。民间有俗语道："冬至到清明，蚝肉肥晶晶。"意思是说从冬至日到清明节这段时间里，蚝肉很丰满，此时吃蚝正当时。蚝，是牡蛎的别称。牡蛎在我国各地有很多不同的叫法：江浙称其为蛎黄、蛎勾，闽粤唤它蚝、蚵，山东以北称其为蛎子或海蛎子。

| 尝鲜解腻吃生蚝 |

蚝的食用方法有很多种，常见的有凉拌、清蒸、鲜炸、炒蛋、蒜蓉、烧烤、煮汤和生吃等。如果你够大胆，肠胃消化功能又好，可以豪迈地生吃它：撬开壳，用嘴唇轻轻抵住蚝壳边缘，舌尖轻触蚝肉，感受其柔软和肥嫩，用力一吸，将汁液和肉吸入嘴里，感受原汁原味的鲜美。

对大部分人而言，蚝肉除生吃外，最为清新的吃法要数清蒸和煮汤。清洗干净生蚝，上锅蒸 3 分钟，蘸少许生抽、醋汁，入口顺滑如羊脂，鲜甜异常。生蚝煮汤，以瘦肉块配以姜丝用清油翻炒，加水煮 10 分钟左右，将清洗干净的生蚝入锅，大火再煮 5 分钟即成。操作虽然简单，但煮出来的汤色白如牛奶，非常鲜美。

| 历史"蚝"久 |

科学家曾用放射性碳测试考古发现的古牡蛎壳堆，结果显示牡蛎至少已存在 4 000 年。中国从汉朝开始就有"插竹养蛎"的记载。国内外典籍中有许多与食"蚝"相关的内容。

唐朝诗人韩愈被贬潮洲时，将自己吃过的稀奇食物进行了记载，还为此专门写了一首诗，叫作《初南食贻元十八协律》，其中说道："蚝相黏为山，百十各自生。"这两句写的就是牡蛎附石而生、粘连成山的情景。只是不知面对如此美食，他是生吞还是烧烤。宋代大文豪苏轼被贬到海南儋州，吃蚝吃美了，还不忘记把自己的好心情告诉家人。苏轼曾写家书给儿子，介绍烤生蚝和加酒煮食生蚝两种吃法。他担心北方的同僚到海南来与他争吃生蚝，遂补充道："无令中朝士大夫知，恐争谋南徙，以分此味。"法国作家莫泊桑在《我的叔叔于勒》中，曾描写过游客在海上吃牡蛎的情景。法国国王路易十四也是生牡蛎的忠实粉丝。

牡蛎内外营养都很"好"

牡蛎不仅肉细味美，而且易于消化，煮成的汤状似牛奶，所以牡蛎有"海里牛奶"之称。牡蛎煮汤浓缩后可炼制蚝油，那是非常鲜美的调味剂，可以为菜品提鲜。

牡蛎干肉约含有蛋白质 50%，脂肪 10%，属低脂高蛋白食品。它含有丰富的维生素 A、维生素 B_1、维生素 B_2、维生素 D 等，含碘量是牛奶和蛋黄的 200 倍。牡蛎肉中含有丰富的钙、铁、硒、锌等矿物质和微量元素。牡蛎干品中牛磺酸的含量为每克 50.6 毫克，远高于其他海产品。牛磺酸对婴儿视网膜和中枢神经系统发育有非常重要的生理作用。食品工业常以牡蛎为原料，提取牛磺酸作为食品添加剂。

牡蛎的外壳凹凸不平，看起来很丑，却含有丰富的钙，接近 40%，且含有钠、钡、铜、铁、镁、锰、镍等多种无机化合物。牡蛎壳经粉碎后常作为保健食品添加剂或制成各种类型的补钙产品。牡蛎壳中的钙以碳酸钙形式存在，服用后经胃酸分解会变成容易吸收的钙离子。牡蛎壳晒干也是一味中药，其味咸，性微寒，有平肝潜阳、重镇安神、软坚散结、收敛固涩之功效。

用牡蛎搭建的"蚝"房

牡蛎外壳坚硬，能承受极强的压力，每 1.2 平方毫米的牡蛎壳能承受 100 千克重物的压力。宋代著名的泉州洛阳桥，坐落在福建泉州市，就采用了"种蛎固基法"，即在基石上养殖牡蛎，使之胶结成牢固的柱子，以牡蛎坚硬的外壳来承受桥身的重量。今天，我们还可以在桥墩石上看到遍布的白色牡蛎痕迹。

无独有偶，蚝壳除了用来建桥之外，还被用来筑墙。关于蚝壳筑墙，唐代刘恂在《岭表录异》中是这么记载的："卢亭者，卢循昔据广州，既败，余党逃入海岛，惟食蚝蛎，垒蚝壳为墙壁……海夷卢亭，往往以斧楔取壳，烧以烈火，蚝即启房，挑取其肉，贮以小竹筐，赴圩市以易酒。"这段记录描述了卢循等人吃完蚝肉用壳建房的情景。

明清时，番禺学士屈大均在《广东新语》中亦记载："蚝，咸水所结，以其壳垒墙，高至五六丈不仆。"可见聪明的古人极富创造力。蚝壳成本低，以其建房防台风性能好，冬暖夏凉。这种用蚝壳筑墙建房的方法，明代时期在岭南地区极其盛行，一村少则有二三十户筑蚝墙。人们用百万只蚝壳，与黄土、红糖、糯米、醋、谷壳等混合，砌成排列整齐的厚墙。至今 600 多年过去了，这些墙依然完好如初，正所谓"午后砖，万年蚝"。

｜以小搏大的"豪"举｜

牡蛎拥有非常强的净化水质的能力：它们用鳃来牵引水流，过滤营养物质和藻类，使得流过的水比之前更干净，吃饱的同时也净化了水里的沉积物和藻类。牡蛎的繁殖能力极强，一只雌牡蛎一次产卵高达 4 亿个。它们在礁石上聚集形成的天然屏障，可以抵抗巨浪，减少了海水侵袭和潮水带来的灾害。成群的牡蛎又能为其他海洋生物创造栖息地。

　　牡蛎虽小，却浑身是宝，令人称奇。至此，我终于明白了李白为何赞叹"天上地下，牡蛎独尊"。这份"蚝"情真是可敬。

海 味 食 鲜 重 安 全

陈佳祎

近年来，发达的物流业，更为成熟的养殖技术以及先进的保鲜技术，使得农贸市场上销售的食材种类越来越丰富多样。海鲜之美是毋庸置疑的，但不可否认的是，我们经常能够在新闻媒体上看到因为食用不新鲜的海产品造成食物中毒的事件。下面为您介绍几种海产品可能存在的食品安全隐患，供您参考。

| 组胺中毒 |

鱼体中含有组氨酸，当鱼不新鲜或腐败后，组氨酸游离出来，遭到微生物侵染后，组氨酸形成组胺。一般在沿海地区，丰富的海产品中的青皮红肉鱼含有的组氨酸较多，例如秋刀鱼、鲣鱼、鲹鱼、鲐鲅鱼、竹䇲鱼和金枪鱼。以上鱼类保存不当发生腐败就会造成组胺成分增加，人们食用这种鱼后有可能产生中毒症状。组胺中毒发病急、症状轻、恢复快。患者食用了含有高组胺成分的鱼肉10分钟到2小时内，会出现面部和胸部及全身皮肤潮红和热感，或结膜充血，并伴有头疼、头晕和恶心等症状。

内陆地区居民食用青皮红肉鱼的数量较少，但并不能对组胺中毒放松警惕。尤其是在夏秋季节，因食用腐败虾酱制品发生组胺中毒的报道并不少见。很多人认为食物中若是添加大量盐分，可以防止微生物生长，因此不会变质。但是，在夏秋季节的温湿度和弱酸性环境下，含有 3%～5% 盐分的虾蟹酱制品，开盖后若保存不当或放置过久，就有可能产生组胺。

为防止组胺中毒，消费者应该注意购买新鲜海鱼。此外，家庭烹饪时，合适的烹调方式能够去掉一部分有毒物质，如彻底刷洗鱼体、去除内脏后将鱼体切割为两半，浸入冷水中，烹调过程中加入雪里蕻或红果，都可以有效降低其所含有的组胺。

| 河豚毒素中毒 |

河豚毒素是存在于河豚鱼中的一种毒性很强的物质，是一种非蛋白质神经毒素，其毒性比氰化钠强 1 000 倍。0.5 毫克河豚毒素即可致命。河豚鱼生长在沿海地区及长江下游地区，在海水、淡水中均能成活，其外表无鳞，味道极其鲜美。河豚毒素并非是鱼本身所带的——河豚鱼食用水中富含河豚毒素的植物，植物中的毒素通过食物链富集作用富集在鱼体中。

有毒的河豚鱼仍然有人敢吃。古往今来，不少人为了品尝鲜美的河豚鱼肉而赔上了性命。有的人知道海豚毒素主要集中在其卵巢、肝脏和眼睛等处，会在解剖过程中避免这几处破裂，将保留完整的内脏丢弃，再烹制河豚鱼。但即便如此，也不能保证食用河豚鱼的安全性。如今，人们利用河豚鱼在海水和淡水中均可生长繁殖的特性，通过人工养殖的办法，实现了河豚鱼无毒。淡水养殖的河豚鱼在无毒环境中生长繁殖，不食用富集毒素的水草，所以人类可以安全食用。河豚毒素中毒发病迅速，大剂量中毒的话，无法及时就医就会危及生命。因此，您绝对不可以拼死吃野生河豚。

| 贝类毒素中毒 |

贝类毒素中毒是由麻痹性贝类毒素引起的，它是一种毒性极强的海洋毒素。贝类中的这种毒素与河豚毒素有很大的相似性，都与海水中的水草有关。贝类食用有毒的藻类之后，毒素存在于贝类体内，这对于贝类本身并无影响，但是人食用贝类之后，毒素会迅速从贝肉中释放并呈现毒性作用。贝类中分离出的贝类毒素有十几种之多，其中一类为石房蛤毒素，这种毒素的毒力是眼镜蛇毒力的 80 倍，在国际公约中已被列为化学武器。

贝类毒素中毒事件的发生频次有明显的地区性和季节性，以夏季沿海地区多见。这一季节易发生赤潮，即大量藻类繁殖使海水产生微黄色或微红色的变色。发生赤潮时，贝类中不仅毒素含量明显增加，而且很容易被捕获。因此，建议您不要食用在赤潮海域捕捞到的贝类。

| 鱼肉制品安全问题 |

鱼肉经加工后做成干制品，鱼肉中水分被烘干或晾干，其中的微生物很难存活。但是鱼肉中含有丰富的不饱和脂肪酸。不饱和脂肪酸容易被氧化，形成醛、酮和酸。如果鱼肉制品在不适宜的储存环境中放置过久，就会产生特殊的刺激性臭味。

另外，一部分鱼肉被制作成鱼罐头或鱼糜等。这类鱼制品若在不适宜存放的环境中时间过长，会造成食品中侵入细菌。细菌与鱼肉中的酶类作用，会造成鱼肉中的蛋白质分解，从而产生氨及胺类等碱性含氮物质——挥发性盐基氮。这种具有挥发性的物质含量越高，说明鱼肉制品中蛋白质成分，尤其是蛋氨酸和酪氨酸，被破坏得越多，营养价值将大大降低。

鱼肉中含有亚硝酸和胺类物质，适宜条件下可以形成 N-亚硝胺类化合物。摄入含有过量 N-亚硝基化合物的食物，可能会引起急性中毒，患者会出现头晕、乏力和肝实质病变等。N-亚硝胺类化合物中的代表物质为 N-二甲基亚硝胺。我国相关食品安全标准严格限定：每千克水产制品中 N-二甲基亚硝胺的最大限量，不得高于 4.0 微克。

| 安全尝"鲜"，重在预防 |

对海产品及其制品的安全问题而言，预防重于治疗。不少海产品中含有的毒素或后期产生的毒素是人体不能自行解毒的，并且目前没有特效药。患者中毒后，只能接受一般性治疗。但是否能够达到解毒效果并不能肯定。因此，在购买或食用前，消费者应该注意以下几点。

1. 食用新鲜海产品。

2. 选购来自正规农贸市场的海产品。

3. 熟食的安全性高于生食。

4. 不食用不认识品种的海产品。

5. 关注海产制品（如鱼丸、虾酱）的生产日期。

6. 合理存放开包、开罐的海产制品。

入海寻"胶"子

陈佳祎

花胶又名鱼肚、鱼胶，即鱼鳔（是鱼体重要的比重调节器官，在感压、发声、呼吸方面也有一定作用）的干制品，主要成分是蛋白质，含有丰富的胶质，与大名鼎鼎的鲍鱼、燕窝、鱼翅等一道，同属"海八珍"之列。

我国食用花胶的历史由来已久。《齐民要术》中曾记载汉武帝食用石首鱼鳔。在唐代，花胶成为贡品，仅供宫廷食用。后因渔业兴盛繁荣，花胶的产量逐渐增加，到了清朝，花胶已成为平民百姓也可食用的补品。

| 价比黄金 世间稀有 |

每条鱼腹中都可取出鱼鳔，但是并不是所有鱼的鱼鳔都能制成花胶。花胶中最为名贵的当属鳖鱼胶，鳖鱼主要分布在北太平洋西部，是一种名贵的深海鱼。不同品种的鳖鱼剖出的花胶种类也不同，如金钱、赤嘴、乌溜和青鲈等，其中以金钱胶最为名贵，是花胶之王，还具有收藏价值，每500克市场售价可达几十万人民币。

在潮汕地区，花胶甚至是女孩子出嫁的嫁妆之一，其珍贵程度可见一斑。此外，花胶也是当地妇女怀孕、坐月子的必备滋补品，更是每逢佳节走亲访友的贵重礼品。

｜滋补功能 理性看待｜

以现代营养学观点来看，富含胶原的花胶"以形补形"补充人体胶原蛋白的作用其实并没有那么大。

综合分析不同种类花胶的成分，蛋白质含量当之无愧排名第一，含量高达76.8%～79.28%。花胶中所含的蛋白质中，甘氨酸含量最高，其次为丙氨酸和谷氨酸，主要由以上三种氨基酸组成的蛋白质被称为胶原蛋白，也就是皮肤组织中不可或缺的、防止皱纹横生的"宝物"。每个女性都恨不得满脸胶原蛋白，因此希望借助于"吃什么补什么"，以食材保持青春容颜。

但是，胶原蛋白的氨基酸组成并不是人体必需氨基酸，也就构不成完美的氨基酸比例，因而无法通过人体重新组合形成身体组织，也就意味着食用花胶中的胶原蛋白不能补充皮肤中的胶原蛋白。

此外，花胶中还含有丰富的矿物元素，如钙、锰、硒、镁、铁、锌等。但是，我们平时炖一小盅花胶鸡脚汤，怎么舍得放许多花胶呢？况且真如此豪迈地"下血本"，也就没有了天长地久养生滋补的意境了。

表　每百克花胶无机质含量（单位：毫克）

无机质	钙	锰	硒	镁	铁	锌
含量	13.25	0.04	0.06	10.59	1.51	10.70

花胶中富含的蛋白质虽然不能补到脸上，但却有其他功用：甘氨酸具有维持中枢神经系统的功能，可以提高免疫力，降低胆固醇和血脂；谷氨酸能促进消化道黏膜的黏蛋白生成；精氨酸在医药工业上被用于治疗精子缺乏的男性不育症，还有促进创伤愈合、促进生长发育等的作用。这些氨基酸各自独特作用的有机整合，为其具有"滋阴养血、补肾益精"等功能提供了理论依据。

| 真假优劣　巧目辨之 |

市场上，即使不是名贵品种，普通花胶也会卖到每 50 克数百元。昂贵的价格引得黑心商贩无所不用其极，各路与花胶外观相似的动物部位都被用来冒名顶替，比如干制的兔耳、鱿鱼干，甚至是风干的猪皮等。要想避免上当受骗，对不经常食用花胶的消费者来说，不贪图便宜和通过口耳相传的"小渠道"购买，是最好的防骗方式。南方的汤铺基本都有卖花胶的，北方少见，超市里一般没有，大型批发市场的干货区可以找到。现在网络购物很方便，但是价格差异悬殊，品质优劣不均。如果想购买，可以找评价好、销量大的商家，少量购买试一试。

| 美味花胶 吃法讲究 |

一般买来的花胶都是干制品，在烹调之前要进行泡发。首先需要一个干净无油的不锈钢容器，将花胶放入冷水浸泡 12 小时。如果是在夏季或温度较高的室内泡发花胶，中间需要换水 2～3 次，防止发臭。较厚的花胶经过第一次浸泡依然坚挺，需进行第二次泡发，步骤同上。泡发成功的花胶质地变软，体积增大，重量增加，泡发好后沥去水分，可直接切段备用，或装进保鲜袋中冷冻保存。

花胶富含胶质蛋白，制作过程中要充分考虑这一特点，严防在煮制时胶质粘底，造成损失和浪费，建议用陶瓷锅或砂锅炖煮。最推荐的吃法就是清炖，营养不会流失，如果不能适应花胶本身的腥味，可以加适量的红枣和西洋参片。空腹食用花胶能够更好地摄取、吸收其中的营养物质。服用时间以一早一晚为宜。

1. 花胶红枣养生汤：泡发好的花胶 20 克切条，红枣 6 颗，2 碗水，炖 2～3 小时，直至大约剩余 1 碗水，加入适量冰糖继续熬煮至融化。本品可补气血，对改善面色暗黄有一定作用。

2. 花胶薏米百合汤：泡发好的花胶 20 克切条，百合 10 克，薏米 40 克，15 粒枸杞，加 2 碗水，炖 2～3 小时，待黏稠后起锅。本品可滋阴养颜。

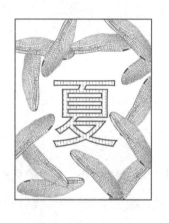

夏

食味四季

消暑静心

唤醒食欲的餐单

时令小菜
专治"没胃口"

王桂真

当您没有胃口，"懒得"做饭，不想受烟熏火燎之苦的时候，用料实惠、做法简单、颜色清亮、滋味爽口的开胃小菜绝对是性价比超高的"消夏好帮手"。它既能驱散夏日的烦躁不安，又可为生活增添趣味，让您和令人烦恼的"苦夏"从此说再见。

｜炝拌黄瓜条｜

制作方法很简单：黄瓜切成条状，加少许盐腌渍五六分钟。锅内加少许油烧热，放入花椒、干辣椒爆香后，趁热把热油淋在黄瓜条上，清脆而爽口的黄瓜条就做好了。

黄瓜虽说一年四季都能买到，但夏天的黄瓜相对而言颜色更深，呈墨绿色，其所含营养物质也更高。黄瓜中含有的开环异落叶松脂素、落叶松脂素、松脂素这三种木脂体，可降低卵巢癌、乳腺癌、前列腺癌和子宫癌等多种癌症的发病危险；而黄瓜皮中含有的苦味物质也是"宝贝"，它不仅能够促进人体对维生素C的吸收利用，还能起到消炎抗菌之功效。

| 蘸水茄子 |

这是一道四川人民十分中意的夏日解暑小菜。茄子洗净入锅蒸熟备用。然后调制蘸料：干辣椒、蒜蓉放入碗里，加适量酱油、花椒面，就做好了。

茄子是非常好的抗癌食品，含有丰富的维生素P，每1 000克紫茄子中维生素P的含量高达7 200毫克，远超其他蔬菜。茄子还含有葫芦素、胆碱、紫苏苷、茄色苷等多种生物碱物质，常吃茄子对于预防高血压、冠心病和动脉硬化等有一定益处。深紫色的茄子皮富含抗氧化能力极强的花青素等，营养十分丰富，建议您食用时不要去皮。

| 爆腌西瓜皮 |

西瓜是夏季水果中的绝对主角。我们习惯吃完瓜瓤以后直接把瓜皮丢弃。其实，西瓜皮做成小菜食用，其营养价值不亚于瓜瓤，而且口感不错。留一些吃剩的西瓜皮 (可以用刀切下瓜瓤保证食品安全。最好带一点红色果肉，吃起来甜丝丝的，口感好)，用刀把瓜皮外面硬硬的深绿色部分去掉，留下浅绿色的瓜皮，切成1厘米见方的小丁放在碗中，撒入少许食盐，腌3分钟后再倒入 1 汤匙米醋即可。

西瓜皮中所含的瓜氨酸能增进大鼠肝中的尿素形成，从而具有一定的利尿作用。此外，西瓜皮还有解热、促进伤口愈合，以及促进人体皮肤新陈代谢等功效。酷热的夏天，吃点西瓜皮做成的小菜，能让您在满足视觉享受的同时品尝美味。

| 芹菜叶拌香干 |

做这道菜需要的是"下脚料"芹菜叶，您择菜时千万别把叶子都扔掉了。将新鲜的芹菜叶洗净，焯水后捞出，加上切成条的香干，放入盐、白糖调味就可以食用了。

从营养学的角度来讲，蕴藏在芹菜叶当中的某些营养成分要远高于芹菜茎。例如：胡萝卜素、维生素 C、维生素 B_1，等等。夏季天气闷热，是心血管疾病的高发期，芹菜叶中的芹菜碱既有助于降压又能起到安神作用，又有利于人们在夏季安定情绪、消除烦躁。

| 丝瓜拌木耳 |

丝瓜洗净，去皮、去瓤后斜刀切片，木耳洗净泡发后切丝，再取一小把金针菇切段。将上述食材放入沸水中快速焯水后过一遍凉水。将沥水后的食材摆盘，再依次放入蒜蓉、盐、白醋、香油等调料。一盘色香味俱全的丝瓜拌木耳就可以上桌了。

丝瓜中含有多种人体所需要的营养成分，其中钙、磷、铁及蛋白质等的含量很高。丝瓜中含有多种黄酮类化合物,对心绞痛及心脏功能有改善作用;同时对血液中的胆固醇、甘油三酯也有降低作用。夏季常食丝瓜,消暑除烦的同时亦可生津止渴。

| 苦瓜双辣 |

苦瓜之苦让很多朋友难以接受,在制作的过程中可以采用焯水的方法减少苦味,再放上洋葱丝、红椒丝,淋上用生抽、醋、白糖和香油做成的调味料就可以了。

苦瓜中的膳食纤维含量较高,可以延缓餐后血糖的升高速度。苦瓜中还富含多种如苷类、生物碱类,以及萜类活性物质,可以抑制过度兴奋的体温中枢,起到清热降暑的功效。

| 蒜蓉空心菜 |

取新鲜空心菜焯水后沥水摆盘,放蒜蓉、适量的醋,将红辣椒面放入油中烧热后淋到盘中(不喜辣者可省略该步),就可以吃了。

空心菜作为深绿色的蔬菜,富含类胡萝卜素、维生素 B_2、维生素 C、膳食纤维,对刺激胃肠道蠕动、消化液分泌有重要意义;不但可以提高人的食欲,还能有效防止便秘的发生。因为空心菜中含有木质素,所以在炎热的夏季经常食用,还有解毒、利尿、清热凉血的功效。

糕 饼 之 甜 入 心 间

黄　璐

特别具有春天气息的食物，非甜点莫属。它们小巧玲珑，"品""貌"双全，不仅味道美妙，单是其可爱有趣的外型就能让人的眼睛有如沐春风般的舒服。但一说起甜点，不少人的第一反应是饼干、蛋糕、面包等西式烘焙食品。殊不知，中国甜点文化源远流长、毫不逊色。和西方国家一样，在我国古代，吃得上甜食是身份"高贵"的象征。从早期用野生蜂蜜做的果品蜜饯，到唐宋时期以进口白糖制作的甜点，都是帝王、王公大臣才可以享用的奢侈品。随着生产力的发展，麦芽糖、养殖蜂蜜、黑糖、白砂糖等甜味剂逐渐走上寻常人家的餐桌，中式甜点呈现出多样化、精致化的繁荣景象。

甜点一词，来自法语"desservir"，本意是"清理桌子"：指盛大的晚餐清理完餐盘后，宾客可以在桌子上继续吃的零食。当时，宴会的餐后零食是糖渍蜜饯水果和坚果。直到18世纪末期，英、美等国才出现"dessert"一词，指餐后甜味小食。

中国最早的西餐烹饪书《造洋饭书》中，列举了糖渍蜜饯水果、水果派、布丁、甜汤、饼干、面包、蛋糕等150余种甜食的做法。在中文语境中，甜点、甜品属外来词汇，指正餐之外的小食，甜味的点心。广义来说，甜品、甜点词义类似。狭义来说，甜点多为固体食品。甜食范围最广，不仅包括甜点、甜汤，蜜饯、果酱、糖果和巧克力制品等，还包括天然的蜂蜜、枫糖。甜点的说法虽然是外来的，但这类食物在我国古已有之，比如米糕、酥饼。它们的名字听上去不如布丁、慕斯蛋糕讨喜，但味道绝对毫不逊色。

| 以米为糕 |

因为物产不同，民族文化不同，每个国家地区都有自己独具特色的甜点。在中式甜点中，最具特色的堪称各种以米为主材制作的糕。《周礼·天宫·笾人》中记载："羞笾之实，糗饵粉粢。"东汉经学家郑玄注解："今之餈糕……皆粉稻米，黍米所为也，合蒸曰饵，饼之曰餈。"糕出现在汉代，分两类，用米粉、黄米粉蒸出的糕叫作饵，将米蒸熟捣烂做成的糕叫作餈，也称糍、粢。

用米做糕的工艺大致有两种：一种是将大米或糯米蒸熟，用重物捶打成泥，团起来制成各种形状，以西南、华南地区的糍粑为代表；另一种是先将米磨成粉，加水和成团，再蒸制而成，以年糕为代表。用粗粳米粉做的年糕，以京津地区的甑儿糕、熟梨糕为代表；用粗糯米粉和粗粳米粉合做的年糕，以杭州的定胜糕为代表。

在原味米糕的基础上，国人还会搭配配料、包进馅料，施以不同的烹饪方式演变出不同品类的米制甜点——既有趁热吃的，也有放凉后味道更好的，还有可以油炸后食用的。南宋《山家清供》中记载的广寒糕，用新鲜桂花、甘草汁和米，舂粉做糕，蒸熟食用。闽南和江浙地区如今仍流行的橘红糕，用炒糯米粉和荸荠粉为主料，搭配糖橘皮、糖桂花，用麦芽糖调味，煮熟冷却后切块，再裹上雪白的熟米粉食用。

我国土生土长的黍，即黄米，也能成为甜点的主材料。我国最早的粽子叫作角黍，便是用黄米制作的。宋代陶谷的《清异录》中，记载了五代时的一个糕点作坊，其中有款产品叫作"满天星"，是用"金米"——也就是黏黄米——做成的。如今，黄米早已不是我国主要粮食作物，成了丰富膳食的杂粮，但黄米做出的甜点还为人所喜爱。比如：老北京的驴打滚、东北的黏豆包、陕北的黄馍馍，等等。

| 以面为饼 |

小麦对于中国人和欧洲人来说都是舶来品。小麦磨出的面粉在东西方的厨房里，各自发展出独具特色的甜点。在西方，小麦面粉加上蛋、奶、黄油，以烘焙制法可以做出形式各异的甜点。在我国，古人则在面粉中加入猪网油、牛油等起酥，再以水蒸、火烤等方式制成小点心。

汉魏到宋，中国人用饼来统称各种面制品。北魏的《齐民要术》中记载了"髓饼"的做法：用动物骨髓脂、蜜和面做饼，放在胡饼炉中烤制。据说，如今的糖酥烧饼便是由该饼演变而来的。"蝎饼"则是用蜜加水来和面，做成头大尾尖的蝎子状，油炸后食用。还有些更讲究的饼用牛奶或羊奶代替水，用煮枣子的浓汁代替蜜，味道更胜一筹。

宋代街市上有各种面制甜点售卖。如：《东京梦华录》中有油蜜蒸饼、糖饼、蜜酥、小鲍螺酥等北方甜点，《武林旧事》中有糖饼、蜂糖饼、风糖饼、甘露饼、糖蜜酥皮烧饼、乳饼、枣箍荷叶饼等江南甜点。《吴氏中馈录》中记载了雪花酥、酥儿印等甜点的详细做法。雪花酥是将炒熟的面粉放在融化了猪油的锅中，加糖搅拌均匀，揉成面团后，擀开切成块即可；酥儿印则是用豆粉、面粉加水和成团，擀成筷子头粗细的短条，用梳齿压出花纹，油炸后撒上白糖食用。

清代袁枚所著《随园食单》中的蓑衣饼做法是：面皮擀薄后，铺上猪油、白糖，卷起擀薄，如此反复，用油煎烙，极其酥松。清《食宪鸿秘》中的顶酥饼，和面时要放油，擀薄后铺上生面粉、猪油和糖的混合物，折起再擀平，包入果仁甜馅，入炉烤制。成品表皮层会膨胀顶起，且口感香酥，故名顶酥饼。

除死面面食，我国北魏时期黄河中下游和江南地区已经开始食用发酵或半发酵的面制品。宋时，包子又叫包儿、馒头，泛指发酵面团做成的蒸制面点。后世除江南地区外，大部分地区将有馅的称为包子，将无馅的称为馒头。南宋时期就有了甜馅的包子。宋、元时，民间日用综合书籍《居家必备事类全集》中就记载了澄沙糖馅、绿豆馅等甜馅的详细做法。

　　人类对甜点的向往，属于对能量的本能渴望。作为三大供能营养物质之一，碳水化合物（糖类）是最为经济的能量提供者。据现代科学家研究，甜食中的糖分在人体内可以促进多巴胺的产生，让人感到快乐。但随之而来的问题是，一些人因过量摄入甜食罹患高血糖、高血脂，以及糖尿病。故，甜点虽好，点到为止即可，不可贪食。

长夏补脾正当时

陈培毅

过了夏至，小暑、大暑、立秋、处暑这四个节气时段，就是中医理论中的长夏。

中医理论认为，春属木、夏属火、秋属金、冬属水，而长夏属土，对应到人体的五脏则为脾。土生万物，这意味着我们的脾脏就像生命的沃土，起到吸纳营养、运化能量和水液的作用，以滋养我们的五脏六腑和组织器官。脾脏的吸纳功能正常，就能为我们的身体摄取所需营养；脾脏的运化能量功能正常，就能为化生精、气、血、津液提供物质基础；脾脏运化水液的功能正常，就能防止水液停滞，保证皮肤润泽，身体轻盈。长夏养生应以健脾为主。最为顺应天时的做法，就是清利暑湿，滋阴润燥，同时用消食的方法来减轻脾胃的负担，让我们安然度过长夏。

利湿健脾

《本草害利》中说："脾为湿土之脏，术能燥湿，湿去则脾健。"脾有喜燥恶湿的特点，想要健脾就需要同时利湿。

夏季里吃瓜是清利暑湿的好选择。像冬瓜、苦瓜这类瓜菜，有清热利便、运水化湿的作用，长夏时节适当多吃，能够通过利尿作用帮助人体排出滞留的水分，使身体轻盈。同时，各类瓜菜中富含钾元素，能够补充人体在夏季因大量出汗而流失的钾，从而缓解"苦夏"症状。

在饮品上，我们可以选择多饮菊花茶来排解暑热，促进多余水分排出。药用的菊花可分为黄菊花、白菊花和野菊花三种，功效也不尽相同。野菊花有一定抗菌、抗病毒作用，一般外用；黄菊花能够疏散风热；白菊花则能清肝明目。超市里卖的大部分都是杭白菊。想要饮用菊花茶去暑气，建议选择黄菊花。

| 以甘补脾 |

长夏需要健脾的人，总觉得四肢乏力、身体发沉、疲乏犯困、不想说话也懒于思考、胸口憋闷、心情烦躁，总觉得口渴，小便量较少、颜色深黄，而大便反而不成形，有些人还会习惯性腹泻。

甜食在五味中属甘，归于脾，适当吃一点甜食可以补益脾气。这里说的吃甜食可不是让大家选择饼干、蛋糕这类高油、高糖、高脂肪的食物，而是多从天然的蔬果中选择性味甘甜的食材进行补脾——南瓜、红薯、板栗、山药、玉米都是好选择。补脾的中药也有很多属甘，黄芪、大枣、山药、甘草都有补中益气的作用。但值得注意的是，甜食不能吃得太多，甘能使人中满，吃多了甜食反而会影响食欲，令中气壅滞，让我们腹胀和消化不良。

推荐两道长夏时节清暑补脾的美食。

火龙果翠衣炒虾仁

西瓜被中医称为"天然白虎汤"，西瓜皮又被称为"西瓜翠衣"，有清热、解毒、凉血的功效，能够健脾益胃，是不可多得的清暑利湿食物。西瓜皮可以炒菜、煮汤，搭配多种食材食用。

水果入菜一定要最后放，否则容易大量出水，导致菜肴品相不佳。这道菜里的火龙果甜度不高，因为其糖分主要是葡萄糖，而不是果糖。红心火龙果虽然好看，但不建议用它做菜，因为红心火龙果中植物色素甜菜红比较多，会把整个菜都染成红色，影响成品的卖相。

食材：

火龙果半个、西瓜皮、海白虾、淀粉、料酒、盐、植物油适量。

做法：

1. 海白虾去头、去壳，剥成虾仁，洗净后去掉虾线；西瓜皮去掉外面绿色的硬皮后，切成小丁；火龙果去皮切丁备用。

2. 虾仁放少量淀粉、料酒、油，用筷子拌匀。

3. 热锅倒入少量凉油，加热至五成热时，先倒入虾仁划散，接着倒入西瓜翠衣丁翻炒1～2分钟，加适量盐调味。

4. 最后倒入火龙果丁，和西瓜翠衣、虾仁炒匀即成。

山药小牛肉玉米汁

山药能健脾，具有滋养强壮、助消化、敛虚汗、止泻的功效。

市场上最好的山药当属铁棍山药。铁棍山药，又叫作怀山药，出自河南焦作温县。其中垆土长出的怀山药质量最好。垆土的土质瓷实，山药长得较小，外观弯弯曲曲，卖相不佳，但其口感和滋补效果却是最好的。

食材：

牛肋条、山药、玉米粒、红酒、黑胡椒、奶油、黄油、食用油、冰糖、料酒、红烧酱油、鲜香茅、百里香、香芹苗、大蒜、干葱、香叶、小茴香、肉桂、姜、盐。

做法：

1. 牛肋条改刀泡水洗净，加入料酒、干葱、盐、百里香、蒜片腌制 1 小时。山药去皮切滚刀块。玉米粒加入少许水煮熟打成汁，加入奶油、黄油、盐、黑胡椒少许调味。

2. 腌好的牛肉用黄油煎炒至表面变色，锁住水分。山药用五成热的食用油炸至定型。

3. 锅放少量食用油，小火下冰糖炒出糖色，加入红酒，稍煮，盛出备用。

4. 锅中融化适量黄油，下干葱、小茴香、肉桂、香叶、姜炒出香味，加入牛肉，倒入红烧酱油、红酒、黑胡椒少许。

5. 加水淹没过牛肉，加盐、香茅、百里香，盖锅盖炖 1 小时，出锅时加入炸好的山药。装盘时将玉米汁放入盘中，然后放炖好的牛肉，以香芹苗装饰即可食用。

港式甜品的
盛夏派对

范琳琳

高温、闷热、低气压，令人无心饮食。集中西饮食特色之大成，包括点心、饮品在内的港式甜品，外观养眼，口感清爽，因经过改良而不会甜到"发腻"，会是您夏季里消暑开胃的最佳选择之一。

| 鸡蛋仔 |

2014年9月，谢霆锋为拍摄美食综艺节目，在香港维多利亚公园，聚集3 000人一起做鸡蛋仔，创立了一项新的吉尼斯世界纪录。当被问及为什么选择鸡蛋仔作为申请世界纪录的美食时，他回答说鸡蛋仔是承载了香港人情感和回忆的街头美食，想用自己的方法留住它，希望自己的孩子长大后依然可以吃得到。

20世纪五六十年代，香港街头的杂货店老板为了不浪费外壳破裂的鸡蛋，尝试搭配各种原料进行烘烤，最终研制出了大受欢迎的鸡蛋仔。即以鸡蛋、砂糖、面粉和淡奶油为原料，用特制的蜂巢状铁制模具加热而成。成品呈现金黄色，蛋香浓郁，外皮酥脆，内芯绵软，口感既弹牙又柔韧，中间半空，酷似一个个小鸡蛋，所以被命名为鸡蛋仔。去过香港的朋友一定会记得，凡是售卖鸡蛋仔的小吃店门口，顾客永远大排长龙。如今，鸡蛋仔的口味很多，除原味鸡蛋仔，还有朱古力鸡蛋仔、椰丝鸡蛋仔、海苔鸡蛋仔、香葱鸡蛋仔、火腿玉米鸡蛋仔、红豆鸡蛋仔、芝麻鸡蛋仔等。

| 杨枝甘露 |

1984 年，香港利苑酒家首创"杨枝甘露"。这种甜品因选材丰富，口感独特，大量使用水果，能给食客带来清凉、爽滑、甜美的幸福感觉，一经推出便大受欢迎，可谓夏日里名副其实的"人间甘露"。主要原料包括杧果、柚子、西米、椰汁等。制作杨枝甘露所用的杧果有果肉和果泥两部分，口感顺滑，酸甜可口；加入的柚子肉"小珠珠"提供了颗粒性的口感，令食客每咬一口嘴里都有"爆浆"的感觉；西米晶莹剔透，爽口、有弹性；椰汁则在香甜之外，带来了热带风情。如今为了满足消费者需求，有的店家还会在杨枝甘露里面加入冰激凌，让奶香更加浓郁，口感更加丰富。

| 姜撞奶 |

传说很久以前，广东番禺有位年迈的老奶奶常年咳嗽，后来得知姜汁有治疗咳嗽的效果，便想喝姜汁缓解。但是鲜姜汁太辣了，老奶奶根本喝不下去。儿媳妇十分孝顺，在准备姜汁的过程中试探性地将牛奶倒进去中和辣味。谁料想，牛奶和姜汁混合竟然凝结成了果冻状，样子十分讨巧，而且口感大获改善，辣味减少，香滑了许多。这位老奶奶喝了之后觉得满口清香，连续饮用一段时间还真治好了咳嗽。从此以后，这种"有药效"的姜撞奶就流传开了。

姜撞奶所用的牛奶一定要新鲜，才能做出地道的味道。牛奶在加热的过程中，温度的掌控十分重要，煮过了容易煳锅底，温度不够则跟姜汁"撞"不成。为了成就"撞"这个重要环节，在倒牛奶时，要将杯子提到一定高度，并快速倒入姜汁中。这样才能让甜与辣完美融合出细滑的口感。

您可能会问：为什么姜撞奶会变成固体？这是因为生姜中含有大量的生姜蛋白酶。在温度高于60℃时，生姜蛋白酶有很好的凝乳作用，会令倒入其中的牛奶凝固，这跟制作奶酪的原理类似。

| 班戟 |

班戟这个名字乍听之下有某种兵器的感觉。其实，班戟是英文 pancake 的粤语音译，也就是我们常说的薄煎饼。关于班戟最早的制作食谱可以追溯到公元 15 世纪。不过，港式甜品班戟和西方常吃的薄煎饼还是有很大区别的。这也是香港美食者因地制宜做出的改变。

对于班戟来说，好吃与否关键取决于饼皮制作得是不是成功，饼皮做好了才能既有弹性、有韧性又柔软爽滑。饼皮的原料包括面粉、鸡蛋和牛奶。在准备面糊的时候，除了掌握好各种原料的比例之外，一定要保证面糊中不能有任何颗粒，否则煎制的时候会有凝固的硬颗粒，影响平滑度，出现气泡的概率也会更高。

班戟的口味有很多，为了区分，一般店家会用不同颜色的饼皮来包裹不同的馅料。比如：芒果班戟是黄色的，榴莲班戟就是绿色的。当然，如果想要混合水果口味的班戟，那么还有草莓、火龙果、猕猴桃等多种选择。

| 鸳鸯奶茶与冻柠茶 |

鸳鸯奶茶和冻柠茶无疑是香港本地最受欢迎的大众饮品。因历史原因，香港饮食文化受英国影响很深，因此十分钟爱红茶。但是香港的气候与阴雨连绵的英国不同，温度较高，年均气温在 20℃左右，并不适合经常饮用传统的英式红茶。于是，香港人因地制宜地创造出了不拘冷热皆适口的鸳鸯奶茶和冻柠茶。

制作鸳鸯奶茶和冻柠茶，最重要的是所选红茶的品质要好。原料一定要选择锡兰红茶。冲茶也是一门学问，绝不是简单地冲泡一下就完了。要先将红茶洗一遍，去除茶叶的涩味，然后反复地冲拉（两壶交替从高处将茶冲下），这样才能让茶的口感更加细滑。最后，要将冲拉好的红茶放在常温环境降温，以免快速降温导致茶水变浑浊。

鸳鸯奶茶和冻柠茶既包含西方饮食文化的精髓，也充分体现了咱们中国人的哲学观。比如鸳鸯奶茶：西方人有喝咖啡的习惯，甚至一日数杯，但口味强烈、较为刺激，红茶属于温性饮料，两者结合，更适合东方人的体质。咖啡配红茶，其滋味互为调和，再加适量炼乳，口感更加醇厚、甘甜，如一对恩爱鸳鸯，无论是身处炙热的情感激流当中（热饮），还是为对抗外界阻拦而全力以赴（冷饮），都共同进退。可谓甜中带苦，引人流连。

如今，不少城市都开设有港式茶餐厅。这个夏天，您也不妨尝试一下，让舌尖享受一场港式甜品带来的盛大派对。

薄荷与留兰香

杨玉慧

薄荷，原本是一种凉能清利的药材，因具有独特的香气而经常出现在人们的日常生活中：口香糖是薄荷味的；牙膏是薄荷味的；也有不少糕点是薄荷口味的。有人喜食清凉的薄荷叶，将它作为配菜；还有人在家里养一盆薄荷绿植，平日看绿绿的叶子养眼，偶尔摘下一片叶子含在嘴里，感受凉气从口腔直冲脑门，振奋精神。

现代研究发现，薄荷含有一种独特的物质——薄荷醇。之所以独特，是因为它可以激活我们感觉神经元上的蛋白质，让大脑产生"冷"的感觉。

薄荷让我们感受到"冷"，并不是真的给皮肤降温了，而是其中的薄荷醇触发了"冷"感受器。食用薄荷让我们感到口腔清新、大脑清醒，而且只需少量就可以达到这个效果。一款薄荷味口香糖的配料说明是这么写的："本品中天然薄荷脑的添加量为0.2%"。薄荷脑是从薄荷中提取出来的，其主要成分就是薄荷醇，

112

很少的含量就足以让口腔有明显的清凉之感。

古人虽然不知道薄荷醇这种物质，但他们在长期的生活实践中总结出了薄荷的功效，并掌握了以它入药的用法。唐代药王孙思邈在《千金方》中就有关于薄荷的记录。因薄荷引自国外，所以古人称它为"番荷"，中间几易其名。到了明代，李时珍在《本草纲目》中将其称为"薄荷"，一直沿用至今。现代的《中国药典》已将薄荷收录其中，使其有了中药大军的"正式编制"，其功效为"疏散风热、清利头目、利咽透疹、疏肝行气"等。

最常见的容易与薄荷混肴的植物是留兰香。

从广义上来讲，留兰香也是一种薄荷——绿薄荷，与我们所说的"薄荷"属于同科同属，都是唇形科薄荷属的植物，二者模样相近，味道相近。

如果仅仅用于观赏的话，种植薄荷还是留兰香无关紧要；但是如果想取其药效，就要进行严格区分了。薄荷的功效成分是薄荷醇，而留兰香的主要成分是香芹酮和苧烯，不含薄荷醇。古籍医书曾一度将留兰香入药，称其可以治疗"伤寒头痛、霍乱吐泻、痈疽疥癞诸疾"。但是现代医学药学对于留兰香的研究非常少，2010 年版的《中国药典》并未将其进行。

留兰香的成分与薄荷不同，并不能说明它一无是处。人类很喜欢留兰香的味道，将其作为一种很重要的香料，应用在食品、化妆品、洗涤用品等领域，并将相关产品称为"薄荷味产品"。

那么，我们如何区分日常食用的"薄荷味"食物，其香气是来自薄荷还是来自留兰香呢？其实很简单，用以下几个方法就可以了。

看标签

根据我国相关标准，包装食品必须标有配料表，将食物中所用到的配料全部列出。如果配料表中有"薄荷""薄荷油""薄荷脑"等字样，就说明食品里含有上文所述的可以入药的薄荷。否则，薄荷味就有可能来自留兰香或者薄荷属的其他家族植物。

尝口感

薄荷醇会让我们的口腔产生凉意，而留兰香不含薄荷醇，其味道闻起来清新可人，但如果食用的话人体不会感觉清凉。

留兰香和薄荷是同科同属的不同植物，二者非常相似，对消费者来说，是否需要分得那么清楚明白，要依用途区别对待。

药用

作为药用，二者必须要严格区分，成分不同疗效就不一样。消费者最省心的办法就是到正规中药店去购买薄荷。如果想自己验证，可以捏一点放手中揉搓，如果有强烈的芳香味道，清凉感浓郁，那就是真的薄荷；如果没有清凉感，那就可能是留兰香。

食用

食用薄荷味的食物，要做到明白消费，清楚"薄荷味"，到底是来源于留兰香还是薄荷，还是除二者以外的其他薄荷家族植物。建议先买一点，尝一小口。能令人感觉口腔凉凉的（有的人鼻腔也会感到凉），这种食物就含有真的薄荷；如果只是口气清新，没有清凉的感觉，其中成分就不是薄荷。

观赏

作为观赏用植物进行区分，要看叶片：薄荷的叶片有短柄，叶子边缘是规则锯齿状；留兰香的叶片没有柄（直接长在茎上），锯齿很不规则。

日用

选购日用化妆品、洗涤用品等产品，挑味道好闻、自己喜欢的即可，无须区分其中添加的是薄荷还是留兰香。

莓 果 们，

快 到 碗 里 来

林岩清

对于我这样的莓果爱好者来说，那些小小的、圆圆的、可爱的果实，是世界上最好吃的水果——它们色彩斑斓，让人一见倾心。大多数吃起来不用剥皮、吐核、吐籽、切块，小巧而软烂，酸甜且多汁，能让人舒适地放入口中，咀嚼起来毫不费力。这些个头不大的小家伙，除了滋味美妙，还极富营养价值，颜值与内在并存，真是让人"爱不释口"。

| 蓝莓，胖胖的"蓝精灵" |

蓝莓本不是什么珍奇水果，我国东北地区就生长有不少野生蓝莓。蓝莓刚进入我国水果市场时曾售价几百元一斤，发展到现在，价格降至十几元一盒（100 克）。毫不夸张地说，是人们的口味偏爱推动了蓝莓产业的发展。

买蓝莓时要会挑，果实新鲜、饱满，表面挂有一层白霜的为佳。别小看这一层白霜，那是蓝莓在自然成熟的过程中，天然分泌出来的一种物质——蓝莓果粉，可以保护蓝莓果不受病菌侵染，保持新鲜度。蓝莓被称作"浆果之王"，含有丰富的花青素，有助于增强视力和消除眼睛疲劳。经常食用蓝莓，还可以增强人体的免疫力，并具有一定的调节血压和预防心脏疾病的作用。

生食蓝莓无疑是最健康的，对追求口感的老饕来说，还可以将其做成各种美食——蓝莓果酱、蓝莓派、蓝莓饼干等。将自制的蓝莓果酱浇在山药泥上，口感十分清新。经典的法式蓝莓派，从派皮到馅料满是蓝莓，黄油、杏仁和芝士的助阵，令蓝莓派散发出无与伦比的香气。蓝莓饼干由麦片、香蕉、牛奶和鸡蛋制作而成，蓝莓经过烘烤处于爆浆状态，搭配香蕉的香甜，麦片的绵软，能够让人幸福得"飞"起来。

| 草莓，心动的感觉 |

草莓是莓果类中最受大家喜爱的，它甜美多汁，有一种特别的宜人香气。熟透的草莓是深红色的，轻轻咬一口，芳香味浓，满是令人难忘的初恋味道。

草莓营养价值很高，每 100 克草莓就含维生素 C 60 毫克，大约为苹果、梨的 7 倍，另外还含有苹果酸、水杨酸、柠檬酸等多种有机酸，具有生津开胃、润肺止渴、利尿解暑、清热明目和美容护肤的功效。

草莓的吃法很多，有经典的草莓酱、糖水草莓、草莓布丁、草莓挞等。日式的草莓大福十分可爱，外层是香滑软糯的糯米皮，里面是清甜可口的草莓，小小的一只托在掌上，令人根本舍不得吞入口中。草莓班戟富有弹性的外皮下包裹着软绵绵的奶油，吃起来心里像下了快乐的小雨，那种幸福感简直连绵不绝。

| 树莓，低调的小可爱 |

树莓在欧美国家更受青睐。我们在很多西方文艺作品里都看到树莓的身影。哈利·波特系列中的邓布利多校长最喜欢的果酱就是树莓果酱。在欧洲，很多人会在自家的庭院中栽种树莓，既可以解馋，又可以招待亲友。

树莓分为黑树莓、红树莓、紫树莓和黄树莓。黑树莓的营养价值最高，被称为"生命之果"，老少皆宜。红树莓的汁液比黑树莓要少，香气浓，但肾虚或高血糖的人不宜多吃。紫、黄两种树莓比较少见。它的营养价值十分丰富，含有大量的鞣花酸，对结肠、宫颈、乳腺和胰脏癌细胞有一定的辅助疗效；含单宁酸，一定程度上能抵抗幽门螺杆菌、葡萄球菌；还有抗胆固醇升高的成分，有利于防止高血脂和心脏病。

树莓除了生食，还经常被用来制作果酱或酿酒。新鲜的树莓点缀在沙拉里，晶莹红亮，香甜多汁，虽小巧却是妥妥的"核心人物"。树莓干或树莓冻果则适宜随时DIY（自己动手制作），将树莓果干扔进自制的原味酸奶里，就是一杯树莓酸奶；在馥郁香浓的芝士蛋糕上点缀一些酸甜宜人的树莓果干，能够令蛋糕口感更加轻盈、爽口。

| 蔓越莓，酸酸甜甜 |

蔓越莓又称为"蔓越橘"或"鹤莓"，主要生长在寒冷的北半球，因其不易储存和运输，常以果干、果酱、冻果、果汁的形式和消费者见面。蔓越莓营养价值丰富，对人体有诸多益处，包括降低胆固醇、保护心血管、美容养颜、预防老年痴呆，等等。蔓越莓最独特的功效是预防尿道感染，所富含的单宁酸能够有效防止细菌进入女性的盆腔。

在酸奶饮料里撒一把蔓越莓冻果，用榨汁机搅拌 20 秒，成品蔓越莓酸奶果味馥郁，奶香诱人；在中式年糕里加入一些蔓越莓干，滋味酸甜、口感软糯，不用加糖也能俘获人心；下午茶喝黑咖啡，配一块蔓越莓司康，一个苦涩一个香甜，品尝美味的同时，何尝不是品尝人生？

说了这么多，你馋了吗？来，和我一起默念：各种小莓果，快到碗里来……

"糖友"也能吃的
绿豆糕

李娜

对"糖友"来说，糕点这类食物，只有过过眼瘾的份儿。不仅因为面粉本身的 GI 值（血糖生成指数）较高，而且其中为丰富口感而大量添加的红糖、白糖、蜂蜜、果料馅心等，更是导致我们的餐后血糖产生较大波动的"敌对分子"。再有，就是大多数点心中都会添加动物类油脂，虽然能令食物吃起来异常酥香，但却会影响血脂，不利于预防动脉硬化性心脏病等并发症。

但是，越不让吃，就越馋——这是人的天性。普通人连续 3 个月不吃米饭、面条，你说你馋不馋吧？如果碰到家庭聚会，大家品茶吃点心，自己只能无聊地喝水，不仅食欲得不到满足，而且由此带来的人际交往困难和心理障碍，严重时会导致"糖友"产生自卑和抑郁情绪。

那么，究竟有没有"糖友"能吃，又不会对病情产生不利影响的糕点呢？下面，我介绍一道"糖友"也能吃的绿豆糕。

用料：去皮绿豆，红豆，水适量。月饼模子可选择自己喜欢的花样。您可以去烘焙专卖店或者在网上购买去皮绿豆。

做法：先制作红豆馅。取红豆100克，用水泡发一夜。天气热的话可以放在冰箱冷藏室内。用高压锅将红豆煮熟。把泡发好的红豆盛在一个容器里，先倒入锅中，再倒入两倍于红豆体积的水。红豆煮好后，就可以炒制红豆馅了。为了防止食物过于软烂而导致GI值增高，可以不将红豆馅炒成糜状。一般而言，蒸好的红豆重量约为250克。炒锅烧热后，加一点点水，转小火，放入红豆，炒七八分钟，至豆香四溢即可。炒制时一定要用小火，且要不停翻炒。因为没有加油，所以很容易煳锅。成品总重量约为200克，取50克备用。其他的可以分小份放冷冻室冷藏，下次再吃的时候常温解冻，再加热杀菌就可以用来蒸豆包了。

将60克去皮绿豆如法泡上一夜。用蒸锅隔水蒸50分钟蒸熟，凉凉后，用不粘锅加水炒制。绿豆比红豆要吃水，切记要少量分次加水，避免煳锅。成品总重量约为100克，绿豆凉凉后，取20克在手心按成面皮状，包裹10克红豆馅，团成团，以不露馅为准。将其放入月饼模子，按压出花即可。本款绿豆糕每块重约30克，热量为280千焦左右。把绿豆糕放入冰箱冷藏可以保质1周。每天1块，刚好能够吃5天。

绿豆糕味美，很多"糖友"担心其GI值。其实，您大可放心，衡量食物的GI值，离不开数量。比如说，西瓜的GI指数很高，达到了 72。但西瓜水分占绝大多数，每百克含碳水化合物只有 5.5 克。也就是说，您只要不吃过量，比如只吃 100 克的瓜肉，是不会对血糖造成太大影响的。因此，如果您能避开正餐，在上午或下午，看电视剧、刷朋友圈的时候，吃 1 块咱自制的绿豆糕，喝 1 杯上好的茉莉花茶，是不会对身体健康造成负面影响的。

古人纳凉这样用冰

黄　璐

中国自古就有冬天贮冰夏季取用的习惯。周朝时的贮冰管理制度堪称完备细致。负责管理贮水的官员叫作凌人，凌人之下还有三级官吏，共计九十六人。《诗经·国风·豳风·七月》中记载："二之日凿冰冲冲，三之日纳于凌阴。"这里讲的是：当时的农奴会历时两个月，在冬季最冷的时节将江面上的冰凿下来，修整成冰砖贮存在凌阴（即冰窖）中。

我国目前考古挖掘出的最大的古代冰窖位于陕西省宝鸡市凤翔县的秦都雍城宫殿中——古人沿山挖洞，中间是窖穴，四周为回廊，还设有融化冰水流出的排水道。

古人藏冰对于冰块的体积有固定规格的要求。《唐六典》记载："每岁藏一千段，方三尺、厚一尺五寸。"据此推算每段冰块约为 0.5 立方米。大唐盛世时，国家级冰窖才存 1000 块冰，可推以想象冰在夏日之稀有。

还有一种规模小一些的储冰井——在地下室的地面向下挖

井，直径约 1 米，深 2～3 米。这个有冰井的房间也叫冰室。时至今日，广州等地依旧将售卖冷饮、雪糕、沙冰等消夏冷食的场所叫作冰室。

盛放冰的容器叫冰鉴或冰盘。从史料《周礼·天宫·凌人》中"祭祀供冰鉴"的说法来看，春秋时期的冰主要用于暑天祭祀时给祭品保鲜，以及大丧时给尸体防腐。制作冷饮，防暑降温并不是冰的主要用途。因为冰的主要功用很神圣，凌人藏冰和取冰时，还有一套烦琐的祭祀仪式，需向司寒之神祈祷保佑。两晋时期，史书中有皇帝三伏天给大臣赐冰的记载。

笔者推测：古人夏季将冰块成批从大冰窖取出后，会分别存入皇帝、权贵自家的冰井中，使用时由专人把冰块凿成碎冰放在冰鉴中，但不会经常开启冰窖随时取用。这和咱们现代人夏天减少开启冰箱门的频次以便节能，是同样的道理。

| 喝冷饮好爽 |

明确提到冰镇冷饮的史料是《楚辞·招魂》："挫糟冰饮，酎清凉些。"唐代韩愈的《楚辞集注》对这句话的解释是："……捉去其糟，但取清醇，居之冰上，然后饮之。"可见，在战国时，冰镇的米酒已经被端上了诸侯的餐桌。

| 老百姓终于能够用冰了 |

由于藏冰有限，除了祭祀、重要宴席外，用冰来消夏仅是帝王才有的权利。隋唐时期，民间开始有商人藏冰。"长安冰雪，至夏月则价等金璧"，商品冰价格不菲，享用之人仅限于皇亲国戚王孙贵族。政府为了制冰还向百姓征收税款。文献资料《唐永徽二年牒为征索送冰芳银钱事》记载："户税百姓供冰井柴钱物之制，不仅限于西州一州。"唐代末期，人们为了生产火药开采硝石，发现硝石溶于水后会吸收大量的热量，其制冷效果足以让水结冰。硝石的化学名称叫硝酸钾，它溶解于水时会吸热，令水的温度降低结成冰。藏冰用冰逐渐从皇室走到了民间。到了宋代，以硝石制冰的技术得到广泛推广，极大地降低了制冰的成本，普通百姓也终于吃上了冷食。

| 好吃的冰食 |

唐朝时，冷食里开始有了奶制品，比如用冰堆成小山再浇淋热奶油的"酥山"。南宋杨万里有诗赞之："似腻还成爽，才凝又欲飘。玉来盘底碎，雪到口边销。" 杜甫的诗中介绍过两种唐代冷食，一是"公子调冰水，佳人雪藕丝"的冰镇藕丝，另一种是用槐叶汁、甘菊汁做的面食，将其放在冰井里冰镇后，吃起来"经齿冷于雪"。

到了宋代，除了各种冰镇果汁外，还有冰糖绿豆、水晶皂（枣）、生淹水木瓜、凉水荔枝膏等新款冷食。《东京梦华录》中介绍了北宋首都汴梁的冰铺子，售卖冰雪冷元子、甘草冰雪凉水、鸡头（米）穰冰雪等商品。人们从冰镇冷食过渡到了直接食用冰。商家会用银光闪闪的银器装盛冰食，令其显得更加晶莹清凉。南宋临安（今杭州）街上有"雪泡豆儿水""雪泡梅花酒"等冷食出售。刘松年的《茗园赌市题》、宋书家的《半茶图》，还把出售冷饮的场面画入画中。

元朝忽必烈最爱的专供冷食则是"冰酪"，一种用牛奶和冰水制成冰雪状的冷食。马可·波罗在《东方见闻》一书中说："东方的黄金国里，居民们喜欢吃奶冰。"所谓奶冰，就是元朝人将果酱和牛奶混入冰中，制成的像冰沙一样的食物，比冰块的口感要柔软很多。

明清时期，北京的街头胡同只要响起"得儿铮铮"的冰盏声，就代表挑夫来卖冷食了，其中冰镇酸梅汤最为出名。《燕京岁时记》说："酸梅汤，以酸梅合冰糖煮之调以玫瑰、木樨（桂花）、冰水，其凉振齿。"

因为食冰的花样越来越多，因贪食冰而致肠胃病的人也多了。因此，各种中医养生典籍开始强调夏季虽大热，但不宜过多吃冷冰、蜜水、凉粉、冷粥等。

冰激凌的故事

范琳琳

从几百年前的皇家专属美食，到如今大街小巷随处可见的消夏食品，冰激凌不仅丰富了我们的食物种类，甚至还成为一种美食艺术品。在炎热的夏季，冰激凌凭借顺滑、鲜甜、冰爽、口味繁多等优势，受到众多消费者的欢迎。那么，如此受欢迎的冰激凌到底是怎样制作而成的呢？

| 意大利人的骄傲 |

有学者说，冰激凌是被马可·波罗从中国带到意大利的。但绝大多数意大利人坚信：是他们发明了这种甜蜜的美食。17世纪初，意大利出现了用水果制作的冰激凌——在果汁中加入橘子或柠檬等水果，冻结成冰。这种食物更像是冻成冰的果汁，和今天我们吃的口感顺滑、奶味儿浓郁、无颗粒感的冰激凌相比，差别很大。17世纪中叶，英国的宫廷文件中出现了关于冰激凌即ice cream的记录。17世纪70年代，法国国王的御用厨师使用牛奶、炼乳等原料制作出了冰激凌。17世纪八九十年代出版的《新果酱》一书中，记载了流行于法国和意大利的一种冰激凌的制作方法。厨师发现：不断搅拌加入冰块和冷冻鲜奶油的结冰混合物，能令其结晶更少、质地更润滑。后来，法国人还加入了坚果、香料、橙花、焦糖、巧克力、茶、咖啡甚至裸麦面包等原料，制作出了口味更加丰富的冰激凌。

| 规模化生产 |

冰激凌得以大规模生产，降低制作成本，从皇宫走入寻常百姓家，多亏了美国人。1843年之前，冰激凌的制作完全靠手工操作，过程复杂，生产规模较小。后来，美国费城市的南希·强生发明了冰激凌机。这台机器是个带有搅拌叶片的封闭圆筒，搅拌轴从上方伸入封闭圆筒持续转动，能够快速轻松地生产出冰激凌。5年后，巴尔的摩市的威廉·杨改良了强生的设计，提高了冷却效率，以简单而稳定的机械运动制造出大量质地细腻的冰激凌。比起纯手工制作，工业化制作方式的冷冻效率更高、效果更好，冰激凌的冰晶更加细致，质地更为柔滑。

冰激凌规模化生产的第二次重大演进，出现于19世纪50年代初。当时，美国巴尔的摩市有位牛奶商人叫雅各·弗塞尔。他决定使用当季生产过剩的鲜奶油制作冰激凌。因为原材料便宜，他出售的冰激凌的价格是当时市场价的一半，所以他大获成功。

第二次世界大战后，厂家会在冰激凌中加入大量的稳定剂，好让这些小家伙在新发明的家用冰箱里也能保有滑顺的特性。同时,价格竞争也促使厂商增加添加剂、奶粉、人工香料及色素的用量。因此,冰激凌的品质开始分级——便宜的产品口感较差,但质地更为稳定;昂贵的产品口感好,但不容易保存。

|像冰、像奶、更像空气|

品尝一个质量上乘的冰激凌,我们可以尝到鲜奶油般的细致口感,享受其在口中由固态变成液态的诱人过程。冰激凌的独特之处在于——它像冰,有冰的温度和颗粒感,它也像奶,有顺滑的流动感,在某种程度上它还像空气,特别蓬松。

|品质越高空气含量越少|

冰激凌发展到今天,按其口味和形态不同,大致可以分为以下4类。

标准或费城式冰激凌

这类冰激凌由鲜奶油、牛奶和糖,再加上其他材料制成。它的优势是:在鲜奶油本身的浓郁与细致的基础上,增添了香草、水果或坚果的风味。

法式或蛋奶沙司冰激凌

这种冰激凌中加入了蛋黄。蛋黄中的蛋白质与乳化剂有助于让冰晶变小,且在乳脂比例较低而水分较多的情况下,还能令冰激凌保持质地滑顺。有些法国冰激凌是用蛋奶沙司酱取代淡奶油制作的。Gelato（意式冰激凌）则是一种形式独特的蛋奶沙司冰激凌——将蛋奶沙司冷冻后轻微搅拌成膨胀度小、味道浓厚、质地紧密的冰激凌。

低脂或脱脂冰激凌

这类冰激凌的脂肪含量较低，以玉米糖浆、奶粉以及植物胶等添加剂制作而成。这类冰激凌可以在较高温度的环境下进行分装，质地更为柔软。

Kulfi（印度冰激凌）

将牛奶煮沸，一边煮一边搅动，加入炼乳、糖、坚果粉及豆蔻粉，待液体变得浓稠后，凉凉，冷藏。这种冰激凌有一种强烈的牛奶和奶油糖果的味道。

通常高品质冰激凌使用的鲜奶油和蛋黄比便宜的冰激凌要多，所含空气也较少。100克高品质的冰激凌所含的鲜奶油和糖量，可能相当于200克廉价冰激凌的用料。

| 保存与食用小建议 |

冰激凌最好储存在-18℃的低温环境下，以确保口感滑顺。随着储存时间的延长，其质地会逐渐变得粗糙。如果保存条件不当，比如反复融化、结冻，冰激凌内部最小的冰晶会完全融化，水分子会囤积在数量更少但体积更大的冰晶上，令其口感变得糟糕。储存温度越低，冰激凌质地变粗的过程就越慢。

储存冰激凌应尽量保证不让其与空气接触，否则会出现两个问题：冰激凌的乳脂会吸收冷冻室的异味；冷冻室如果特别干燥，则可能使乳脂遭到破坏而腐败。

食用冰激凌之前可将其先放在室温环境下"缓一缓"，令其回温。在-13℃时，冰激凌含水量较多，质地更滑顺，也不会让舌头感到发麻。

那些轻轻一抿
就消失的美食

李　娜

有些食物和"冰"一点关系都没有，却能不经牙齿咀嚼便被"含化"——入口后仅经颊、颚、舌轻微发力，就会消失。它轻轻柔柔地走，就像从没来过一般，只给人留下了"湿润""软糯""绵密""浓郁""柔软""细腻"等稍纵即逝但回味无穷的独特味觉体验，这就像是武侠小说里会卓越轻功，能够凌波微步的绝世高手，踏水而来波澜不惊，转身远去不激起半分涟漪。不知道是因为吃着不费力，还是含有水分、油脂较多，我们对于这类食物总是吃不够的。比如说，即使是吃饱了饭，女孩子也很难对一只小巧的轻芝士蛋糕说不。

| 踏雪无痕——柠檬酱 |

柠檬的酸是强烈而直接的。用它来入菜，多半是给肉类食材去腥解腻，给果汁饮品护色，给果酱类食物保鲜，调节 pH 值，帮助蛋白打发，再或者就是摆盘时放上几片进行装饰。总之，很少有人直接用一整只柠檬来制作食物。柠檬含有超过 100 种香气物质，其香味复杂而诱人，那是一种由烯烃类、醇类、醛类、酯类、酮类等物质，混合出的带有水果、花草气味的复合香气。

我们爱柠檬的香，却又常常受制于那恼人的酸、苦、涩，而不得其入食之法。别着急，任你资质再好，也需有秘籍傍身，才能习得盖世武功。油和水都是好帮手。我们为柠檬少侠选择的是油。在黄油的帮助下，滋味浓烈的柠檬便可以化身为着铁鞋也可以踏雪无痕的俊朗侠客——变得柔和、滑润、香甜不腻，入口后只需轻轻一抿便能消失得无影无踪。

修炼武功切记两点：别扔皮、慢速加热。柠檬果皮中的香气成分的含量明显高于果肉。加热可以帮助香味物质析出。维生素 C 在酸性环境下的耐热性能很好，不会大量损失。

原料：40 克无盐黄油，1 只柠檬挤出的汁，30 克砂糖，1 只鸡蛋。

做法：柠檬洗净，一切两半，挤出汁。用刨皮器取少许柠檬皮备用。火上置一个广口较浅的水盆，放适量水，煮开。水盆中，放一个小奶锅，将黄油放入，隔水搅拌至融化。放入柠檬汁和糖，慢慢搅拌一两分钟，放入生鸡蛋，再搅拌两三分钟，看到一丝丝白白的蛋白的痕迹，柠檬酱明显变黏稠即可。稍微凉凉，将其盛进干净的玻璃瓶入冰箱冷藏室保存，可保质一周。

将柠檬酱涂抹在切片面包上食用，口感浓郁，奶香十足，味道非常清爽，回口微苦，消暑而开胃。夏季气温较高，人体容易出汗，随汗液排出体外的还有各种微量元素，所以人们常在夏天感觉不思饮食、乏力困倦。柠檬酱这位少侠可生津、消食、增液、杀菌防病，促进其他营养物质的吸收。柠檬酱中虽然加入了热量较高的黄油。但是，咱们每次只要别吃太多，就不用担心不好消化的问题。

|一苇渡江——丝瓜鸡蛋羹|

在各类食材之中，鸡蛋必需氨基酸的含量和比值最接近人体组织蛋白质的氨基酸比值，其蛋白质生物学价值最高，甚至超过鱼肉、牛肉、猪肉等食材。这就是传说中的天赋异禀吧？由于自带主角光环，所以只要稍加调教就能习得绝顶轻功。而且，与煎炒炸等烹饪方式相比，蒸出的鸡蛋能够更好地保留食材所具备的营养元素。如果说柠檬酱的轻功是踏雪无痕的油润，那蛋羹女侠的绝招就在于被水滋养出的清新爽口和健康营养了。

不过，蛋羹女侠并不是常胜将军，她也会输：可能满身伤痕，蜂窝无数；也可能几经努力依然无法掌握神功，到头了依旧是一碗灰色的蛋水儿；还有可能功亏一篑，看着清秀可人，却口感太差，老得让人难以下咽。归纳一下原因，一是有可能打蛋液加的水太凉；二是蒸鸡蛋的碗上没有覆盖遮盖物；三是用金属餐具盛装鸡蛋液；四是蒸蛋的水没有沸腾便将蛋液放入锅中。

原料：鸡蛋 2 只，鸡蛋液 1.5 倍体积的清水，3～5 片丝瓜，香油、寿司酱油少许。

丝瓜洗净，切片，焯烫至绵软。在不锈钢锅里放入稍微多一点的水，开火。把鸡蛋放在流动的水下洗干净表皮，磕入碗中。洗干净手。用筷子打散蛋液，加入水，搅打均匀。在碗的表面覆盖一层保鲜膜，用牙签在保鲜膜上扎三五个小眼儿。水大开后，放入盛放有蛋液的碗，蒸 8 分钟。关火，闷 1 分钟。开盖后放入丝瓜片，淋入香油和寿司酱油即可。这样蒸出来的鸡蛋羹和很多餐饮店销售的类似，表面平滑如镜，漂亮极了。

真可谓：丝瓜软绵绵，翠绿养心神。蛋羹水嫩嫩，好吃易消化。入口无影踪，留香在舌尖。消暑何须冰？暖食定心神。

不过，要提醒您的是：如果您的牙口和肠胃还可以，偶尔食用一些口感松软的食物调剂口味即可，不要经常吃这类不太需要咀嚼就能下咽的食物。因为延长咀嚼时间，可刺激唾液和胃液的分泌，有利于消化吸收。长期食用过分软烂、舌头一抿就能下咽的美食有可能造成消化问题。另外，进食过程中，神经信号从舌、胃肠等神经传导到大脑。大脑需要接受一定程度的刺激，才能产生饱腹感。若食用过分软烂的食物，则有可能您吃下很多，还会觉得"没有饱"，过一会儿却觉得太撑了。

西打——初夏的味道

杨静静

苹果是一种名副其实的"健康水果"，口感酸甜，营养丰富，老少咸宜，不仅作为水果食用对人体颇有益处，而且还可以用来酿造"西打"，即苹果酒。苹果酒酒精含量低，味道清甜爽口，在欧美各国非常流行，既可以作为餐前酒，也可以作为基酒进行调制，还可以用于烹饪。

| 醉人的饮品 |

"西打"是苹果酒英文"Cider"的音译，其拉丁语本意为"醉人的饮品"。

17世纪之前，"苹果"一词在欧洲原是多种水果的统称，甚至还包括一部分水果干。所以，当时除葡萄酒以外，以其他水果酿造的酒都可以统称为西打。直到苹果品种的选育工作取得了重大突破，逐渐在世界各地广泛栽培，成为温带水果之王。"苹果"这个词在欧洲的外延越来越小，最终仅指苹果这一种水果。

136

万千酸甜可口的苹果在酿酒师的手里，幻化为一缕醇香，跨越时空，飘香到今日。清爽可口的西打色泽透亮，恰似玉露琼浆，喝之沁人心脾，是当之无愧的"醉人的饮品"。

野苹果酿出的芬芳

苹果品种改良之前，它的形象可不是现在这副讨喜的样子，滋味也并非酸甜适中。那是一种口感硬硬的、个头小小的野苹果，它们又酸又涩还微带苦感，不太适合直接食用。尽管这些野苹果不好吃，但用它们榨成的苹果汁酸度较高，香气浓郁，酿出的酒品质也很好，酒体丰满，果香鲜明，风格独特。为了酿酒，人们开辟出更多的果园栽培苹果。在这个过程中，苹果品种逐渐得以改良，才有了如今这么多味美的食用苹果品种。

如今市场上能见到的食用苹果品种（现代苹果）大多是新疆野苹果和欧洲野苹果的杂交种苹果，虽然好吃却不适合酿酒，就算酿成酒香气也很弱，口味很淡。

传统苹果酒

传统的苹果酒是用纯正的苹果汁发酵而成的，其口味偏甜，果味浓郁，适口性强，酒精含量低（一般在 2.0%～8.5% 之间）。苹果酒的甜美味道来自于未充分发酵的水果，而非额外添加的糖。

大自然很神奇，如果她没有赐予你一串适于酿酒、果香馥郁的葡萄，就会送给你一颗可以酿出西打、酸中带苦的小苹果。传统苹果酒主要产于英国南部和法国诺曼底。这些地方因气候寒冷而不适宜种植葡萄，但却能酿出品质优异的苹果酒。

至今，在这些地区，人们仍保持用传统工艺酿造苹果酒。简单来说，就是采摘、选果、榨汁、发酵。从秋到冬，直至第二年的春天，酒才能酿好。说起来似乎很简单，但从收获到酿酒，需要投入大量时间和人力。不起眼的苹果酒，实在需要我们珍惜。

| 欧洲西打风情 |

英国是全世界生产和消费苹果酒量最多的国家。英国南部遍布苹果园，其产量的 45% 都用于酿造苹果酒，用于酿酒的苹果品种超过 350 种。苹果酒在英国很受欢迎。英国人喜欢浓烈的口感。一到夏天，很多球迷都会在酒吧点上一杯苹果酒看球。

西班牙产的传统苹果酒不会额外添加糖和酵母，自然发酵而成，其酸度活跃，口感复杂，回味中有单宁感——一种涩涩的味道，这让苹果酒的口感更为丰满。正宗的阿斯图里亚斯苹果酒，须依循传统，纯手工制作。工人们不会从树上直接摘苹果，而是在大力摇晃果树之后捡掉落到地上的苹果（成熟度更高）。酿酒通常需要经历 3～5 个月才能完成。这种苹果酒酒精度较高，在当地酒吧很受欢迎，口感相当热烈浓醇。

传统的法国苹果酒，要经历漫长的发酵，才会完全激发出水果的甜味。因为气候原因，诺曼底是法国唯一不能种植葡萄的地区。但败也气候，成也气候。当地独特的气候条件，让诺曼底产出了优质的苹果西打。

而在德国，体味苹果酒的方式更加多样。法兰克福市内有一趟苹果游览专列。老式列车经由改造，内部装饰完全是酒吧风格。车身通体红色，就好像是连列车也喝醉了。乘坐这样一趟观光列车，在欣赏法兰克福城市风光的同时，再点上一杯美味的苹果酒，实为一大乐事。

| 缤纷口感 |

苹果酒口感风格多样，并且和葡萄酒一样也分为静态和起泡两种。大部分苹果酒都会含有气泡。除了天然发酵，也有人为充入二氧化碳气的。起泡苹果酒气泡感十足，冰镇之后饮用口感极佳，十分适合作为聚会饮品。当传统苹果酒中那充满青苹果香气的细腻气泡轻轻滑过舌尖后，您能感受到一种带有复古气息的浓厚甜美。

今天的市场上，除了最为基本的苹果西打，还涌现除了各种不同风味口感的西打产品，如草莓、树莓、桃子、梨子和柠檬等。青柠草莓苹果西打，就是在苹果汁的基础上添加了青柠和草莓的苹果酒。青柠的清新混着草莓的甜美，令这款酒的口感清新宜人。如果加上冰块，夏天喝起来最舒服不过。

纯正的苹果酒，里面承载的是满满的水果香气。不管在任何季节，您去品饮西打，都会感到自己触碰到了初夏最新鲜的水果滋味。闭上眼睛，您就会感觉自己正身处鸟语花香的果园之中。

| 不可贪杯 |

　　最近几年国内消费市场上也出现了西打的身影。它的口感既可以像邻家女孩一样小清新，也可以西班牙女郎那样成熟妩媚、浓郁醇熟，非常让人心动。苹果酒价格相对较为便宜，再加上酒精度数不高，总让人以为苹果酒是果汁或饮料。但是，苹果酒也是酒，切记不能贪杯。

　　不管什么样的酒，口感再好，酒精度数再低，都要记住：年满 18 岁的成年人才能饮用。

鲜 榨 果 汁 的
美 好 与 哀 伤

张文燕

炎炎夏日，你是否常会从果汁店里买一杯鲜榨果汁，享受香甜的果汁滑过喉咙带来的清凉惬意？但事实上，你喝到的鲜榨果汁可能没有想象中那么美好，其中的微生物有可能已经超标了。

关于鲜榨果汁，我们首先需要分清几个产品概念：复原果汁、原榨果汁和鲜榨果汁。根据中华人民共和国国家质量监督检验检疫总局和中国国家标准化管理委员会于 2014 年 9 月 3 日发布的国家标准《果蔬汁类及其饮料》（GB/T 31121-2014）：在浓缩果汁中加入其加工过程中除去的等量水分复原而成的果汁为复原果汁。通俗地讲，复原果汁就是浓缩果汁兑水，有的复原果汁为了保持水果原来的风味，还会加糖。因此，复原果汁的营养价值有一定损失。超市货架上那些不用冷藏、保质期好几个月的果汁都属于复原果汁。

原榨果汁，又称非复原果汁，是以水果为原料，通过机械压榨方法制成的果汁。大多数厂商为了延长原榨果汁产品的货架期，会对果汁进行高温消毒。消毒后的果汁中原有的一部分营养成分会被破坏。因此，单就营养价值上来说，原榨果汁与复原果汁并没有太大区别。

鲜榨果汁，是指采用非热处理方式加工，或应用巴氏杀菌制成的原榨果汁。也就是说，这种果汁在榨汁后不经消毒，或仅经过巴氏消毒（瞬时高温消毒），然后进行灌装，能最大限度地保留水果的营养和风味，但缺点是保质期非常短。这类果汁一般都是现榨现喝，在果汁店、自动售卖机和一些大中型餐馆里比较常见。

不经过消毒处理的鲜榨果汁，其卫生质量能得到保证吗？会不会出现微生物超标的现象呢？我国部分地区针对鲜榨果汁卫生状况开展的调查数据显示，目前市售鲜榨果汁的卫生状况不容乐观，问题主要集中在菌落总数和大肠菌群超标上。菌落总数是指食品检样经过处理，在一定条件下培养后，所得每克（毫升）检样中形成的微生物菌落总数，一般用来评价食品被细菌污染的程度。大肠菌群则经常作为粪便污染指标来推断食品的卫生状况，评价食品中肠道致病菌污染的风险。菌落总数和大肠菌群超标就意味着，食品在生产过程未能达到卫生要求，消费者食用后，容易出现呕吐、腹泻等症状。

|鲜榨果汁不合格的原因|

1. 制作生产过程污染。比如：鲜果在榨汁前不清洗、带皮榨汁、榨汁机清洗不彻底、加工用具交叉污染等问题。

2. 操作人员自身带菌，双手消毒不彻底，不戴一次性消毒手套。

3. 提前加工，榨汁后长时间放置才出售。

此外，鲜榨果汁被细菌污染的程度还与果汁的品种有密切的关系。比如，柠檬汁和橙汁的合格率就比杧果汁和西瓜汁的合格率高。原因在于，果汁的酸度越高，对细菌生长的抑制作用就越强，而果汁的含糖量越大，营养物质越丰富，细菌的繁殖速度就越快。因此，如果您真的想喝鲜榨果汁，不妨选择柠檬汁和橙汁等酸度高、含糖量低的果汁饮用。

健康度"伏"有新解

李　娜

伏天虽然热、闷、燥，但孩子们是欢喜的。放了暑假，有空调、Wi‑Fi（无线网络）、冰镇西瓜和随叫随到的外卖，打会儿游戏，看会儿短视频，再到群里聊会儿天。"咻"的一下，天就黑了。只要不去想没完成的作业，人生就是完美的。

┃秦时·以犬祭伏┃

那么，这伏天的"伏"是不是就取了天太热，需蛰伏在家避暑的意思呢？

关于"伏日"，最早的文字记载可以追溯至《史记》。《史记·秦本纪》云："（德公）二年，初伏，以狗御蛊。"公元前676年，秦德公下令在历法中设立伏日，将伏日作为节令庆祝。有学者推测，《史记》所载的秦德公祭祀伏日并不是中国人第一次过三伏，而是秦作为封国，以天下共主周天子的祭祀制度为样板进行的"复刻"，意在从礼的角度完善国家制度。

秦人过伏日的主要目的是避暑气、禳热毒。《史记正义》是唐朝人张守节写的一本关于《史记》的注解类著作。书中写道："蛊者，热毒恶气为伤害人，故磔狗以御之。按：磔，禳也。狗，阳畜也。以狗张磔于郭四门，禳却热毒气也。"

秦汉时期，民间会特别庆贺伏日。西汉杨恽在《报孙会宗书》中说："田家作苦，岁时伏腊，烹羊炰羔，斗酒自劳。家本秦也，能为秦声。妇，赵女也，雅善鼓瑟。奴婢歌者数人，酒后耳热，仰天抚缶，而呼乌乌……是日也，奋袖低昂，顿足起舞。"作者是陕西人，妻子是河北人。伏日这天，妻子奏乐，丈夫唱歌，二人喝酒吃羊，过得好不快活。直到唐代，伏日还是与腊、冬（至）、年并列的四大节日之一。

汉代·闭门过伏

进入汉代，民间逐渐有了伏日闭门不出的习俗。吕雉当政时，颁布了《二年律令·户律》，其中规定："自五大夫以下，比地为伍，以辨券为信，居处相察，出入相司。有为盗贼及亡者，辄谒吏、典。田、典更挟里门龠（钥），以时开；伏闭门，止行及作田者；其献酒及乘置乘传，以节使、救水火、追盗贼，皆得行；不从律，罚金二两。"

秦汉时，普通百姓的生活会被规定在一定的范围，也就是"里"内——邻居是谁、住宅大小都受到国家严格管理。每里设里门若干，里门钥匙由专人管理，定时开闭，乡民必须统一时间出入。入伏这天，里门全天关闭，禁止行人通行，禁止农人耕作。除非是出于公务需要，或是要救火、抓贼才能开门。

如此，开头的那个问题便有了答案。原来，古人在伏日也是闭门不出的，而且丝毫不需要有愧疚心。这可是国家的统一要求，违反还要罚款呢。

既然伏日老百姓可以奉皇命休息，那么公务人员能歇班儿吗？似乎是不行。相声行当供奉的祖师爷东方朔，是汉武帝时期著名的文学家，也是被世人承认的最早的幽默大师。《汉书·东方朔传》记载了他在伏日里的一个著名的"段子"。三伏天，皇帝给大臣们过节，发福利，发的东西特别实惠，是肉。可是负责发肉的官员却迟迟不来。东方朔等不及了，就拔出剑自己割下一块肉，对大家说："三伏天肉容易坏，大家快割了回家过节吧！"说完，便自己捧着肉回家去了。等到第二天皇帝责问，要求东方朔做自我批评时，他检讨道："拔剑割肉，多么豪壮呀！割肉不多，多么廉洁呀！送肉回家给妻子吃，多么仁爱呀！"这引得汉武帝发笑。

伏日这天为什么要闭门不出呢？《后汉书·和帝纪》云："永元六年，初令伏闭尽日。伏日厉鬼行，故尽日闭，不干他事。"《汉官旧仪》曰："伏日万鬼行，故尽日闭，不干它事。"古代科技发展水平低，人们生活、耕作都要靠天吃饭，体力劳动强度大，收获却少，且人力之小无法对抗寰宇之大。对于很多自然现象，我们能看到现象，能找到现象与现象之间的联系，能总结规律，却无法认知背后的原理。因此，很多情况下，对于酷暑的闷热和由其带来的"暑邪之毒"，以及活跃在这个季节的蜈蚣、蝎子等"毒物"，我们会将其归咎于"神力"，因畏惧而崇拜，故寄希望于各种祭祀仪式。所以，当时的人们认为伏日有"鬼"出没，应闭门不出，不干任何事。

今天·健康度伏

查资料、翻文献不是为了"掉书袋"，也不是想窝在故纸堆里装作有文化，而是希望看看如今日历上一个简单的节日提醒，朋友圈似乎有些廉价、千篇一律且充满商业小算盘的祝福中，究竟隐藏了古代中国人怎样的生活。那些言简意赅、行文美好的作品，是我们如何一步步走到今天的过程，是整个社会风貌变迁的剪影，也是一个人——对，就是你和我生活方式改变的脉络。

所以，古人以犬祭伏，不代表我们今天也要吃狗肉；古人闭门过伏，我们今天就得"宅"在家里和互联网"缠绵"到底？三伏热浪滔天，流浪的小猫小狗日子也不好过。如果方便，不妨在小区里给它们定时提供点干净的饮水。三伏酷暑难耐，不如在早晚气温稍低、湿度稍小的时间段出来亲近一下大自然，为身体补充点维生素D。等到晚风起时，也可以适当做些安全的有氧运动，提高自己的代谢水平，促进肾上腺素分泌。这可是避免"苦夏"最为经济有效的方法。三伏天里，人难免会心浮气躁，也可以和家人在周末逛逛博物馆、科技馆，或者听上一场音乐会，去电影院看一场"大片"，既凉爽又能放松心情，增进情感。三伏无心恋战厨房，除了召之即来的外卖食品，还可以做点蒸饺或水煎包等食物——简单、好吃、营养足。

伏日酷暑，愿您安然度之，阖家安康。

营养学中看《茶经》

陈培毅

陆羽（733—804），字鸿渐，复州竟陵（今湖北天门）人，是唐代著名的茶学家，被誉为"茶仙"。陆羽的《茶经》与后来的茶书不太一样。那些书主要写怎么品茶，什么茶好，是文人雅士喝茶的指导书，算是品鉴指南。陆羽的《茶经》则在考证史料的基础上，亲自考察茶园，品鉴水、土于茶之风味的影响，详细记录了种茶、采茶、煎茶和饮茶的方法。细读《茶经》，我们会觉得应将其划归到自然科学范畴，而非社会人文类图书。

《茶经》的第一章，写的是茶之源。我国有的茶树仅高一二尺，有的却高达几十尺，还有的居然粗到两人才可合抱，砍下枝叶才能采到茶。《茶经》说种茶的土壤，以充分风化的岩石土壤为好。我想大约是因为其中所含的矿物质比较丰富，可令生长其中的茶叶富集营养，味道更有层次。说到茶叶品级，以向阳山坡，林荫覆盖下生长的茶树所产的、芽叶呈紫色的为好。前年，笔者就有幸收到两箱紫芽茶。紫色的芽叶含有花青素，具有很好的抗氧化功效。

《茶经》的第二章，写的是茶之具，记录了十五六种采茶、制茶的工具。这些茶具的材质全都来源于大自然，大多为竹子、树木、树皮、石头，仿佛丝毫不带人间的烟火气。拿这些工具来制茶，或是隔水蒸制，或是用"火灰"将其慢慢焙干，过程中并不使用明火。"有火无焰"可令茶味更加质朴、清新。用今天的眼光看，这种做法降低了产生致癌物苯并芘的可能性，更加健康。

《茶经》的第三章，写的是茶之造，介绍了茶叶从采摘到制成茶饼的过程。当时采茶，是在唐历的二到四月间，也就是现下说的雨前茶、明前茶上市的那个时间段。春季温度比较低，茶树生长相对缓慢，有利于茶叶中含氮化合物的合成与积累，生长期间病虫危害低。与秋季绿茶相比，春季绿茶中的茶多酚含量高出3.0%，咖啡碱高出3.4%，氨基酸高出10.2%。明前茶的氨基酸含量相对明后茶而言更高，含有较少具有苦涩味的茶多酚，因此茶汤口感香而醇。

《茶经》的第四章，写的是茶之器。与第二章的采茶、制茶工具相区别，这里写的是煮茶的用具。茶之器包括二十余种，从煮茶的炉子到火夹、放茶饼的白色纸袋、橘木做的碾槽、取茶用的茶则、盛水的水方，甚至还有装盐的容器。林林总总一大套，能够呈现一场完整的茶事仪式。

《茶经》的第五章，写的是煮茶方法。煮茶一沸，水温为80℃左右，放一勺盐；二沸，水温至90℃，舀出一勺水，放入茶粉（当时茶的形制是"茶粉"而非"茶叶"），不断搅拌；三沸，水温达到100℃，把二沸舀出的水倒入，继续搅拌，使沸腾暂时停止，以"育其华"。这样，茶汤就算煎好了。陆茶仙说，煮茶的水里放适量的盐，能增加茶的香气。以营养学的观点解读，1～2克的盐，能帮助茶里的矿物质析出，提升茶汤的味道。此外，茶中所含的某些氨基酸成分，可以与盐里的钠离子相互作用，生成能够提鲜的物质，使得茶味更美。

《茶经》的第六章，写的是饮茶之法。唐朝流行的煮茶方法是放入葱、姜、枣、橘皮、茱萸、薄荷等，再加上茶，长时间地进行煎煮。陆羽并不喜欢，他推崇的是更为质朴、更能令人体会到茶之本味的饮茶方式，可让饮者从单纯的口腹之欲，过渡到享受精神层面的雅致愉悦——"为饮最宜精行俭德之人"。简单的饮茶方式除了能令人宁心静气，体味悠闲雅致的茶文化，也能保证茶粉中有效成分最大程度地析出，同时也能减少营养损失。

《茶经》的第七章，写的是茶之事，也就是茶的发展历史。

《茶经》的第八章，写的是茶之出，说的是茶叶的产地，并且列出了排行榜。《茶经》中一共写过两个排行榜，一个是第五章中关于煮茶用水的排行榜，另一个就是这一章中提到的茶叶产地排行榜。细想之下，水分品阶，茶有高低，大抵是和其中的矿物质等微量元素的含量有关。唐代没有精密的检测设备，陆茶仙给的排名应该是一样样尝，亲自品鉴出来的结果。寥寥数字，横跨春秋，遍走大江南北，无数艰辛"力"透纸背。古今爱茶第一人，实至名归。

《茶经》的第九章，是茶之略，写的是"制茶"和"煮茶"相关内容的补充说明。如，关于煮茶用具，如有石可坐，则可以不要具列（陈列床或陈列架）；如用干柴、鼎锅之类的烧水，那风炉、炭挝、火夹、交床之类的都可不用。可见陆茶仙并非为追求繁琐而写"经"，而是按需出发，实用为纲，颇有点现代科研工作者的精神。

《茶经》的第十章，写的是茶之图，是说将《茶经》的正文，写在白色的绢布上，陈设在座位后面当背景用。这是干什么呢？这就是陆茶仙的自媒体嘛——给饮茶者以范本，也为自己的作品做了很好的宣传。

此外，陆茶仙还精通传播学规律，请"大咖"神农氏当代言人，才有了良好的传播效果。

一本《茶经》不光写清楚了茶的种、煎、吃法，还阐明了茶的营养与品鉴，成为我国茶文化的百科全书。

喝白茶 解暑热

李红珠

盛夏时节，烈日炎炎，人总觉得口干舌燥。喝什么解渴又解暑呢？对笔者而言，这个问题的答案是白茶。泡一杯白牡丹或白毫银针，观芽叶沉浮、闻茶香弥漫、品茶汤甘润，令人顿感岁月静好。在我国的六大茶类里，白茶是加工工艺最简单的一种，但却是养生效果最好的，素有"一年茶，三年药，七年宝"的美誉。

天然的家乡味道

白茶的加工方法十分简单：鲜叶采摘后只经过日晒或阴干，令其自然萎凋、干燥即成。这样制成的茶，能够最大限度地保留原叶中的营养成分和风味物质，呈现出鲜甜口感。白茶具有外形芽毫完整、毫香清鲜、汤色黄绿清澈、滋味清淡回甘等特点。因茶树品种、原料（鲜叶）采摘的标准不同，白茶分为白毫银针、白牡丹、寿眉、贡眉等品类。

最初，白茶主要销往我国香港等地。自 1890 年起，白茶远销国外，如马来西亚、新加坡、德国、荷兰、瑞士等国家和地区。我国香港以及东南亚地区的人们喜欢喝白茶，是看中其祛湿、解暑功效。无论档次高低，大多数香港茶餐厅都供应白茶。"下南洋"的马来西亚华人家里会存一些白茶来解暑防病，抵抗天气炎热和水土不服。因其芽多毫白，欧美茶商会用少量白毫银针拼入高级红茶中，以增加美观度。

| 建溪官茶天下绝 |

白茶主要产于福建的福鼎、政和、蕉城天山、松溪、建阳等地，因产地有限、产量少，故非常珍稀。这些产地有个共同特点——远离尘世。白天鸟鸣山幽，夜晚星光相伴，茶树在大自然的怀抱里吸取天地精华。建宁府政和县（今福建省南平市政和县）产茶历史悠久。宋代时，此地设立"北苑御茶园"，出产20种名茶，其中白茶排在第一位。宋代蔡襄在诗中咏道："北苑灵芽天下精，要须寒过入春生。故人偏爱云腴白，佳句遥传玉律清。"

福建省福鼎市也出产白茶，且有"世界白茶在中国，中国白茶在福鼎"的美誉。2017年厦门金砖会议期间，福鼎白茶作为国礼被赠送给各国领导人。相传，福鼎竹栏头自然村有一孝子名陈焕。他特别孝顺，终年操劳，只求双亲温饱却不得。有一年，陈焕持斋三日，携干粮上太姥山祈求"太姥娘娘"指点度日之计。陈焕焚香礼拜毕，合眼睡去，蒙眬中只见"太姥娘娘"手指一树说："此山中佳木，系老妪亲手所植，群可分而植之，当能富有。"

第二天，陈焕走遍山岭，果然在鸿雪洞中觅到一丛茶树。他用锄头分出一株，带回家中精心培植。一百天后，茶树生机盎然，所产茶叶异于常种，这就是今天的"福鼎大白茶"。

| 退热解暑的佳饮 |

中国人很早就认识到白茶具有药用价值，认为白茶性凉，能退热、降火、祛暑、解毒，并认为白茶的存放时间越长，药用价值越高。随着时间流转，白茶的内含物质变得越来越醇厚，其特有的毫香与陈香并存，滋味香浓，汤色红亮透明，其防暑、抗癌、解毒、防过敏的功效更加显著。

清代人周亮工在《闽小记》中写白茶："性寒……是治麻疹之圣药。"在福鼎白茶产区和我国华北部分地区，人们有用陈年白茶辅助治疗感冒发烧的习俗。感冒初期，喝上几杯热腾腾的老白茶，出一身透汗，患者浑身上下会感觉轻松很多。生活在闽东北农村的人们，也常用白茶炖冰糖来祛"火"防病。

现代医学认为：白茶中富含人体所需的氨基酸、茶多酚、矿物质、多种维生素，具有生津止渴、清肝明目、提神醒脑、镇静降压、防龋坚齿、解毒利尿、减肥美容、养颜益寿等诸多功效。美国医疗机构研究表明：不同品种的茶叶中，"三降"（降血压、降血脂、降血糖）功效最好的是白茶。

福建白茶是盛夏里最佳的消暑之品。它不但能补充人体出汗导致的津液丢失，还能通过汗液蒸发来解暑降温，又能通过利尿而祛除暑湿，是少有的表里双解的"良药"。夏日常饮白茶，可令人精神愉悦、心旷神怡。

| 与时尚品牌牵手 |

白茶又被称为"女人茶"，在抑制色素生成、抵御皮肤细胞老化、降脂减肥方面效果显著，得到各大护肤品牌的钟情。国际时尚品牌香奈儿试验了 117 种配方，推出一款以中国"白毫银针"为基础的乳液。雅诗兰黛集团创立了一个白茶护肤品牌——"悦木之源"。迪奥也有一款白茶配方眼部卸妆液。此外，伊丽莎白雅顿、膜法世家等品牌也都对白茶的美肤功效推崇有加。

| 热饮冷泡皆宜 |

冲泡白茶的用具和水温没有太多讲究。白茶不宜泡太浓，一般沏 150 毫升茶水，用 5 克茶叶即可。注意：水温应达到 95℃以上。第一泡约 5 分钟，过滤后将茶汤倒入茶盅即可饮用；第二泡 3 分钟，最好随饮随泡。一般情况下，一壶白茶可冲泡四五次。白茶还可以常温冷泡：取 1 瓶 500 毫升的纯净水，打开盖子倒出 10 毫升，把 1.5～2 克白茶装进瓶子，盖上瓶盖。2 个小时后，您就能喝到清凉甘甜的淡茶水了。喜欢喝冷饮的人，可以前一天晚上把冷泡白茶水放进冰箱，第二天早晨取出来随时饮用。

白茶，收藏岁月，温润时光，醇厚而绵长。辛勤工作一天的人们，喝一杯清香甘甜的白茶，可使疲惫与焦虑全消。

西方的咖啡·
东方的茶

陈佳祎

咖啡与茶对于现代人而言，是不可缺少的饮品。今天，无论在综合性大型商场还是亲民的小吃街，我们都可以见到年轻人拿着一杯珍珠奶茶或是摩卡咖啡。都市白领上午工作的时候可能会在手边放一杯美式咖啡提神，而在午后喝一杯英式红茶缓解疲劳。我们在颇具禅意、回响着古筝乐曲的茶馆里可以看见"90后"和朋友聊天，在咖啡馆也同样可以见到不少老年人闲话家常。茶起源于中国，咖啡则是舶来品，但在现代化城市中，这两种饮品都变成了非常普通的日常消耗品。

| 走遍全球的咖啡 |

我们现在喝的咖啡，是用咖啡树上的果实——咖啡豆发酵、烘培、冲泡制得的。咖啡属中的树种有 70 余种，而其果实可以用于制作饮品咖啡的只有两种，分别是阿拉比卡和卡内弗拉。我们现在印象中欧美等西方人士最常饮用的咖啡，追根溯源其实来自非洲的埃塞俄比亚。公元6—9世纪，也门人开始种植并饮用咖啡。过了将近1 000年之后，有人将咖啡种子运到印度尼西亚爪哇岛上栽培成功。又过了十几年，阿姆斯特丹的植物园成功栽培了咖啡树，并将其传到法国。随着咖啡种子走遍非洲、欧洲和美洲，咖啡的基因在悄悄发生改变，以便适应当地的生存环境，致使我们现在喝到的咖啡味道已经不同于几百年前了。进入中国之后，随着时间的推移，咖啡从上层社会的社交点缀，逐渐变成了普通百姓乐于品尝的提神饮料。从消费数据上来看，咖啡消耗量较大的国家分别是美国、巴西、德国，可以达到人均每天一杯咖啡。除了我们常见的手冲咖啡、煮咖啡、用冰水浸泡出的冷萃咖啡、速溶咖啡、滴滤咖啡、挂耳咖啡等，世界各地还有形式多样的咖啡饮用方式。比如，传统的阿拉伯咖啡是在炭火盆上烹制的，还要撒入一小撮藏红花和几滴玫瑰水。在咖啡发源地的埃塞俄比亚，人们饮用咖啡时要举行一系列繁复的"咖啡仪式"。

| 土生土长的茶 |

茶树起源于中国南部。植物学家经过分析研究，认为茶树拥有6 000万～6 800万年的历史。从考古发现来看，中国人饮茶的历史超过2 500年。茶饮起源于四川等西南地区，然后向东部和南部地区传播，远达漠北和青藏高原，从一个点逐渐扩张成大

网，遍布全国，最后走出国门。盛唐以后，百姓普遍饮茶。李肇的《国史·外房帐中烹茶》卷下，载："比岁上下竞啜，农民尤甚，市井茶肆相属。商旅多以丝绢易茶，岁费不下百万。"从这段记载中，我们可以看出，平民百姓不仅饮茶，还用茶与外来客商交换丝绢，每年收入不菲，生活比较富裕。茶叶贸易是历朝历代较大的收入来源。通过海、陆丝绸之路，茶叶被销售到了西亚和中东地区。郑和七下西洋，出使南亚、西亚、东非 30 余国，中国茶文化被越来越多的国家和地区接受。

| 咖啡与茶的灵魂 |

咖啡豆是咖啡树的果实，茶叶则是茶树的叶子和芽。它们都要经过温度的洗礼，经过发酵，除去那些苦涩的、令人不悦的味道，除去那些人体不好消化吸收的抗营养物质，增加香味，然后在水中尽情地舒展，释放活力。无论是茶还是咖啡，均含有可以改变人类行为的化学物质——咖啡因。咖啡因可以刺激中枢神经系统，消除疲劳，振作精神，还能让人反应灵敏，所以人们在饮用茶或咖啡后会感到精力更加充沛。另外，咖啡和茶中所含有的植物化学物质可以提高肌肉的能量生产率，从而提高饮用者的工作能力。

生咖啡豆中含量最高的成分是多糖，占总重量的比例为 35%～45%，主要以纤维素的形式存在于植物骨骼纤维中，还有一部分是低聚糖，这类糖可以赋予咖啡甘甜的口感。咖啡豆还含有脂肪，主要是亚油酸和棕榈酸。亚油酸属于人体必需脂肪酸。近年来研究表明，棕榈酸作为短链脂肪酸，同时又是稳定的饱和脂肪酸，对人体的健康和食品加工业有着重要作用。咖啡中的呈味氨基酸能够赋予咖啡些许鲜味。仔细品尝咖啡，有苦也有涩，但主要是来自于美拉德反应而产生的浓郁香味。

茶的口感丰富，包括甘、苦、鲜、涩。甘来自于茶中含有的糖类物质，苦是因为茶中含有咖啡碱，鲜则是因为茶叶中含有呈味氨基酸，涩出自茶中的茶多酚。古人用煮法制茶，茶汤中会游离出较多的单糖，入口即可令人感受到甘甜。仔细品茶，可以体会到少量呈味氨基酸刺激舌头表面味蕾产生的愉悦。而当咽下茶汤，你又能感受到一股来自茶多酚的含有特殊香味的苦涩。所以，很多诗词大家说品茶就像品尝人生，有苦有甜，此起彼伏。

咖啡和茶都有成瘾性。每天喝一点就能达到精神上的愉悦，只要不是每天无限量续杯，大可不必去纠结喝多了会出现什么问题。但前提是，每天只来一点。

从龙井到普洱，
微生物都做了什么

杨玉慧

龙井茶和普洱茶，相当于茶叶界的"小鲜肉"和"老腊肉"。

龙井茶属于绿茶，制作需经过杀青、揉捻、干燥等工序，因为不经发酵，所以能够较好地保留新鲜茶叶中的天然营养成分，如具有抗氧化、抗菌、抗辐射、解毒等功能的酚类物质——茶多酚。普洱茶则是黑茶的一种，与龙井茶的制作工艺相比，它们之间最大的差别是：渥堆。

渥堆是一个非常复杂的化学过程，在微生物的作用下，茶叶开始"发酵"，其中的各种营养物质都会发生较大的变化。因此，普洱茶属于发酵茶。发酵过程中，茶叶内营养物质变化最大的就是茶多酚。经过发酵的普洱茶，其中茶多酚的含量会比龙井茶减少 60%。

但是，并不能因此就说普洱茶的抗氧化功能比龙井小。因为，在茶多酚减少的同时，普洱茶中的茶褐素增加了。茶褐素是微生物的杰作。微生物以茶叶里的氨基酸为营养基，将氨基酸分解、代谢后，再与茶多酚的各种中间物质相结合，就会生成茶褐素。

茶褐素被称为"普洱茶中的黄金"，是普洱茶中最重要的功能物质，对降低"三高"有明确的效果，也是普洱茶被奉为"减肥茶"的重要因素。茶褐素溶于水，使得茶汤区别于淡雅的龙井，呈现出较为明显的红褐色。另外，由于呈苦涩味的茶多酚的含量减少了，所以普洱茶的口感更为柔和。

茶叶中具有提神醒脑功能的咖啡碱，会随发酵而增加。咖啡碱不仅可以兴奋我们的神经，抵抗疲劳，还会促进胃壁分泌胃酸，让我们喝普洱有"刮肠"的感觉。

微生物的工作并非三言两语就能描述清楚，那是一个极其复杂的系统工程，几乎所有的鲜叶成分都被微生物调动起来进行分解、重新整合、再利用，而且随着温度、湿度、时间的改变而有区别。

因此，龙井茶和普洱茶不仅成分区别较大，而且二者的保存方式也截然不同。

龙井茶保存的八字诀是：密封、避光、干燥、低温。龙井较好地保留了茶多酚等营养物质，而茶多酚非常怕被氧化，所以要隔绝氧气（密封）、隔绝阳光（避光）。当然，密封的另一个好处是隔绝异味。龙井茶中含有较多的可溶性物质，极易返潮变质，所以应尽量保持干燥。您可以在密封罐内放一包干燥剂。龙井茶贵在新鲜，低温可以较好地保存香气。龙井新茶最好当年喝完。

普洱茶被称为"可以喝的古董"，方法得当的话能够"越存越香"，需要做到通风、透光、干爽、常温，以利微生物的活性。储存环境通风可及时调节温湿度，避免普洱茶发霉和芳香类物质的流失。透光是指可以见光，但要避免阳光直晒。适当的光线是保持茶褐素合成的必要条件。微生物需要水分，所以存放环境湿度需要稍高一些，但是不能潮湿，潮湿会导致茶叶发霉。普洱茶放置的温度不可太高或太低，以 20～30℃ 正常室温为宜，不用刻意地改变温度。

从龙井到普洱，滋味不同，功效各异！人类的智慧，竟然可以利用微生物这种肉眼看不到的小东西，精心配置，耐心等待，制作出营养各有千秋、口感丰富多彩的茶。这是多么神奇的事情！

八件儿与茉莉花茶

林岩清

九河下梢天津卫，自明朝永乐年间设卫筑城以来，商贾云集，八方杂居。清末民初，不少宫廷御厨、贵族食客纷纷来到天津。在九国租界，洋人们陆续带来了各种东洋、西洋糕点。一时间，各色点心铺子林立，市面上能叫得出名的糕点小吃，就有 400 多种。天津本地人的点心口味中西合璧得天衣无缝。直到 20 世纪八九十年代，或是逢年过节，或是走亲访友，或是新媳妇回门，或是初二姑老爷去丈母娘家，人人手里都会提上两盒捆在一起的点心，一盒是传统的中式八件儿，另一盒则是西式的蛋糕。两大盒点心，外包装红火喜庆，看上去气派、隆重，属于老百姓认可的串门标配，是天津卫老太太最爱的心头好。有的老人过日子节俭，舍不得吃这本属于点心的八件儿来"点""心"，就拿它们当正餐吃。怎么吃呢？热饼、热饽饽就八件儿！不仅解馋，还管饱。

主家见客人提着点心上门，心里虽然高兴，但必然要推辞一番："来就来呗，还买嘛东西啊？浪费钱！"一边说着客气话，

164

一边接过点心。过去家里没有暖气，普通人家大多住平房，居住面积小。亲近的客人，一般都直接让到床上坐下。蜂窝煤炉子上铁壶里的水开了，蒸腾的热气让一身寒意的来客暖和了不少。主人取一只大茶缸子，多放些茶叶，沏上滚开的水，闷一会儿，倒一杯出来递给客人，登时满屋茶香。天津人吃点心讲究喝茉莉花茶——汤色浓酽、花香持久、茶口鲜明。茉莉花茶的香、涩、苦在口中形成一种综合的口感，能够清爽被点心甜腻住了的肠胃。

我还记得小时候，逢年过节，厨房的风晾柜上就会出现一大摞点心盒子。有别人送来的，有准备拎着去送人的。和我一样大的孩子们，有事没事就喜欢往厨房里钻，踮着脚去扒望，看到最"耐吃"（天津话，指喜欢吃）的点心，眼睛里闪着小星星。我一盒盒一层层地探究，一定要把所有枣泥馅的都翻出来吃掉，即便被打屁股也绝不后悔。吃到最后，连盒子角落里的碎酥皮渣也不放过，塞塞窣窣扫到掌心里，一股脑塞进嘴中，无限满足。不年不节的日子里，有时候老人会去点心铺专门买散碎的点心酥皮渣，用来就沏得浓酽的茉莉花茶，解馋极了。

过去的秤是 1 斤 16 两，1 块点心 2 两重。卖点心也不用称，拿 8 块不多不少整好 1 斤。所以才有"八件儿"的叫法。八件儿又分大小，小八件儿 1 块 1 两重，比大八件儿小一圈。一般串门儿带的礼物都是大八件儿。一盒八件儿一般由 8 块外型、馅料不同的点心组成。它们的共同点是外皮白皙，印有红色花纹，口感酥香，咸甜适中。八件儿的外皮制作工艺大体类似，由面粉、油、水调制而成，包括油皮和水油皮，特点是层次分明，酥而不腻，久放不硬。因此，八件儿还有个称呼，叫白皮儿。八件儿，顾名思义八种点心，外形和馅心各不同。比如：喜字饼是豆沙馅、寿字饼是百果馅、福字饼是玫瑰馅、如意饼是五仁馅、牛舌饼是椒盐馅、聚宝盆是栗蓉馅、枣花饼是枣泥馅、虾米酥是红果馅。

脱胎于宫廷点心的八件儿，到了天津卫少了几分雍容华贵，多了些市井百姓家的烟火气。在很长一段时间里，豪门贵户家茶余饭后吃着玩的点心，在天津人眼里是饱含情意的贵重礼品，是必不可少的节日意象，是有油有糖的高级吃食，也是我与家乡最深刻的食物链接。

"一期一会"说抹茶

陈佳祎

时下很多"抹茶"口味的美食，比如抹茶蛋糕、抹茶拿铁、抹茶雪糕等，因其甜腻的味道被茶香中和，外表绿油油的十分养眼，能够轻松俘获消费者的心。我问过很多朋友，问他们知不知道抹茶是什么。大多数人乍听之下都愣住了，想了半天答道："一种颜色翠绿，像茶的粉末状'食物'，是不是就是绿茶呢？它的名字虽然带个'茶'字，却为啥没有'茶叶味道'呢？"也有人会说："抹茶，就是从日本传来的茶吧！"

事实上，抹茶（日语发音为Matcha），本意是"磨茶"，即以石磨碾磨制成的茶。抹茶起源于我国魏晋时期，鼎盛于宋朝。当时，人们习惯将绿茶春茶的嫩叶用蒸汽杀青后，做成饼茶保存。食用前将它放在火上烘焙至干燥，然后用天然石磨碾磨成粉末，注入沸水，用茶筅或茶匙搅拌均匀，配上点心，将"茶叶末"和茶汤一同"食用"，是为"吃茶"而非"饮茶"。南宋淳熙年间，这种"吃茶"的方式由日本高僧南浦昭明从浙江余杭径山寺带回

167

日本，后经日本人民发展变化形成了今日的"抹茶"，并逐渐发展至今。可惜的是，自明代起，我国的茶叶形制和饮茶方式都发生了改变，"废团改散"，以"沏茶"代替"磨茶"——泡茶饮汤，弃茶叶渣不用。于是，抹茶这种极富艺术美感的喝茶方式在我国逐渐消失了，成了今天人们眼中"日本的食物"。

是不是只要把绿茶磨成粉末状就是"抹茶"了呢？并没有那么简单。抹茶拥有严格的栽培方式和复杂精细的制作工艺，当中若是任何一个环节出现差池，就会差之毫厘，谬以千里。

| 茶叶生长要搭棚 |

和普通绿茶有所不同，抹茶的原料茶叶在采摘前一个月要以大棚覆盖生长。棚子会为嫩叶抵挡住一部分紫外线，使其较普通茶叶能生成更多的叶绿素，叶片长得更大、更薄、更嫩。因此，抹茶茶叶颜色"更绿"，氨基酸的含量更高，"涩味"更小，更加"鲜甜"。

| 采摘时节需推迟 |

爱品茶的朋友都知道，"沏茶"用的绿茶春茶讲究"三前"，即"社前""明前"和"雨前"，上市时间集中在3—4月份。而抹茶的采摘往往要推迟到5月份。生长期的延长，可以使抹茶中带有苦涩味的茶多酚含量减少。

┃"蒸青"烘干成"碾茶"┃

茶叶"杀青"是原料茶叶必经的一个处理环节，一般而言是用高温破坏和钝化鲜茶叶中的氧化酶活性，抑制鲜叶中的茶多酚等的酶促氧化，蒸发鲜叶部分水分，使茶叶变软，便于揉捻成形，同时散去青臭味的步骤。咱们平时喝的茶叶，比如龙井、碧螺春、信阳毛尖，多采用"炒青"的方式来"杀青"，就是电视片中常能看见的，以人手将嫩叶放在微热的大锅中进行"翻炒"。而抹茶的"杀青"则采用了以水蒸气"蒸青"的方式，温度高、时间短，可令抹茶茶叶颜色更绿。"蒸青"后的茶叶经烘干，去除叶柄和叶脉，仅留下叶肉部分，就制成了"碾茶"，茶味更加细腻。

┃石磨研磨保品质┃

抹茶粉是由石磨碾磨碾茶而成的。现代生产工艺的进步，让抹茶粉的"磨制"工艺更有保证。以机械力带动的石磨以 60 次/分钟左右的速度将"碾茶"磨制成直径为 10～20 微米的粉末。因为粉末极其细腻，在制成茶汤后不易沉淀，所以饮茶者几乎感受不到颗粒感。石磨的材质和较低的转速，可以保证食材不因高温而发生品质和口感上的变化。

以上几个工艺环节是"抹茶粉"和普通"绿茶粉"的区别所在。您在购买时，可以留心辨别。总体来讲，"抹茶粉"更加翠绿，所制茶汤没有沉淀，口感没有茶叶的苦涩味道，略带甘甜；

而"绿茶粉"颜色较深，所制茶汤浑浊，"茶味儿"重。

抹茶含有丰富的营养成分和微量元素，主要有茶多酚、咖啡碱、游离氨基酸、蛋白质、芳香物质、纤维素、B族维生素、维生素C、维生素A、维生素E、维生素K等，钾、钙、镁、铁等元素，近30余种。

虽然"沏"出来的茶水也具有一定的营养价值，但这些水溶性营养素仅是茶叶中营养物质的一小部分，剩余的那些则和茶叶渣一起被扔掉了。抹茶粉则是茶叶和茶汤均被饮下，从营养素保留的角度而言，这种"吃茶"的方式要远远优于泡茶。有研究表明，一碗抹茶里的营养成分与三十杯普通绿茶相当。您有机会不妨品饮或将茶叶做成茶食食用。

今天，我就教大家做两款美味又营养的抹茶小食。

| 低脂版抹茶牛奶酱 |

食材：低脂牛奶200毫升，抹茶粉小半碗，脱脂奶粉小半碗，蛋清两个，蜂蜜两勺。

步骤：在两个蛋清中加入牛奶和蜂蜜后充分搅拌。把液体过筛2～3次后（以消除气泡），分次加入抹茶粉和奶粉，搅拌至无颗粒。把液体放入小奶锅中加热至黏稠。装瓶，待凉后冷冻20分钟，即可享用。在食用这款无奶油的低脂版抹茶牛奶酱时，可以搭配面包、全麦饼干等食物。

| 消暑抹茶酸奶冻 |

食材：原味酸奶 200 克，糖 15 克，抹茶粉 5 克，核桃碎、水果适量（最好选用蓝莓、树莓等果实颗粒较小的水果）。

步骤：原味酸奶和过筛后的抹茶粉、糖搅拌均匀，直到混合液细腻、无颗粒，放入核桃碎和水果进行搅拌。拌好的酸奶糊放入容器铺平，冻硬后脱模打成块即可。这款颜值与口感兼备的抹茶酸奶冻，一定会成为您在夏天的消暑利器。

"一期一会"一词源于日本茶道，字面的意思指人的一生中，可能只有和对方见一次面的机会，因而应将自己最美好的一面展现出来，务求不留遗憾。在茶文化中，"一期一会"指的是通过一系列茶道活动，饮茶者对茶所表达的"难得一见，倍加珍惜"的情怀。兴于我国的茶饮"国粹"——抹茶，如今在日本繁荣发展，并衍生出了非常多元的饮食文化。当它"归家"之时，愿您以"一期一会"之心细品其中真味。

南美"仙草"马黛茶

范琳琳

或许很少有人喝过甚至是听说过"马黛茶"。其实,有人将马黛茶与咖啡、茶(红茶、绿茶等我们熟悉的茶叶)并称为世界三大饮品。早在印加帝国时期,马黛茶便是南美人民日常生活中必不可少的饮品。至今,马黛茶在南美已经有近五百年的饮用历史了。马黛茶的茶叶来源于冬青科多年生木本植物——巴拉圭草,一般株高3~6米,树叶翠绿,呈椭圆形,枝叶间开雪白小花。每年4—8月,当马黛茶进入采摘季节,人们会把绿叶和嫩芽采摘下来,进行晾晒、分拣、烘烤、发酵、研磨,制成"茶"供人饮用。

马黛茶的名字来源于魁特查语中的"mate",意思是"葫芦"。可能是因为当地人民原来都是用葫芦来保存马黛茶的。葫芦干燥、防水、没有异味,可以令马黛茶保留原有的口感。

南美人民将马黛茶称为"仙草",认为它是"上帝赐予的神秘礼物"。现代研究发现,马黛茶含有的活性营养物质多达196

种，其中包含 12 种维生素，11 种多酚类物质，以及多种人体所需的氨基酸与不饱和脂肪酸。马黛茶中特有的绿原酸和芸香苷等营养成分，可全面提升人体健康水平。那些生长在安第斯山区的马黛茶叶，也被认为是治疗高原反应和心血管疾病最好的药品。

马黛茶的冲泡方式有低配的"简单版"：用 80～90℃的热水倒入放有马黛茶的容器，浸泡 2～3 分钟之后即可饮用。也有高配的"正宗版"：先将两勺糖放到盛茶的容器里——一个葫芦状的小碗，再加两块烧红的木炭来保温、增香，避开热炭，放入马黛茶，再加热水冲泡。往葫芦碗里插一支类似吸管的禾秆进去，便能吸饮茶水了。马黛茶无论冷饮、热饮，风味都不错。但马黛茶本身的味道比较苦涩，所以当地人喜欢将其跟苹果、柠檬、橙子等水果，以及蜂蜜和牛奶等搭配饮用。切忌用 100℃的开水沏泡马黛茶，否则会损失营养，破坏口感。

马黛茶是南美人民招待朋友的重要饮品。当有客人来访，他们会围坐在一起，在泡有马黛茶的大茶壶里插上吸管，在座的人一个挨一个地传着吸饮茶水，边吸边聊。壶里的水快吸干的时候，再续上热开水接着吸，一直吸到聚会结束为止。阿根廷人认为，使用什么样的茶壶招待客人，比喝马黛茶本身还重要。就像西方人待客讲究餐具一样，根据茶壶的质量高低就可以判断主人对访客的重视程度了。

 除燥养身

"贴秋膘"的前世今生

陈培毅

"乳鸦啼散玉屏空，一枕新凉一扇风。"8月的天气虽然依然炎热，但不知不觉已经到了立秋时节。立秋是秋季的第一个节气，天气会逐步由热转凉。天高气爽的秋天就要来临了。一旦过了立秋，天气就一天天地凉爽起来。古时候，在立秋这一天，皇宫里的人会把种在大花盆里的梧桐树搬到大殿里去。等到立秋的时辰一到，随着太史官大喊一声"秋来了"，梧桐树要在宫人推摇之下"正好"掉落一两片叶子，以寓报秋之意。而民间的老百姓则以"贴秋膘"来迎接夏秋转换。

古意为补夏亏

古时候的生活条件可不像如今这般优越。酷暑炎炎中，古人没有空调和电扇，因此出汗较多，食欲不振、浑身疲乏、失眠多梦等症状也随之而来，进而精神萎靡，身体也日渐消瘦。古人说："夏天无病三分虚。"意思是说：在夏天，人体受了暑湿的邪气，脾胃容易出现虚弱的症状，体重也就会减轻些。因此，古人会在立夏时称一称体重，到了立秋这一天再称一称，看看是否有所消减。如果体重轻了，则说明经过酷暑的煎熬，身体有所消耗，需要通过吃肉来弥补。普通人家吃些简单的炖肉，讲究一些的家庭就要吃红烧肉、白切肉、红烧鱼，以此来"贴秋膘"。

除了弥补夏季身体的亏虚，"贴秋膘"还有一个作用，就是为即将到来的冬天做好身体储能准备。寒冬严酷，万物凋零，食物也少，古人通过吃肉贴秋膘，可以帮助身体储存更多的能量和脂肪，一方面能够在冬季保暖，另一方面还能增加身体抵抗力，以便平安度过严寒。

| 现代有新解 |

古时候，人们生活水平低，物质匮乏，缺衣少粮，还要进行大量体力劳动，身体素质相对较差，因此容易受到"苦夏"侵扰，需要"贴秋膘"。而现如今，人们的生活条件不断改善，空调、电扇为人们在酷暑中带来了清凉。夏季已经不再难熬。加之如今食物种类大大丰富，人们的身体素质较之古人更是不可同日而语。因此，对现代人而言，通过吃肥肉给身体增加脂肪储备的"贴秋膘"，已无太大意义。相反，大量吃肉还会增加身体的负担，带来患慢性病的风险。

立秋时节，季节变换，空气变得凉爽，人们的肠胃此时相对虚弱，因此有必要顺应季节变化，适当进补，提高身体免疫力。

因此，现代人的"贴秋膘"有了新的意义——清补脾胃，帮助身体适应季节变换。

| 清补更适宜 |

立秋过后，饮食应以清补为宜，膳食搭配要均衡，一日三餐要规律。清补可以泻火，清心润燥，生津止渴，一般用于夏季和秋季的进补，选择食材的原则是：清而不凉，滋而不腻，容易消化和吸收的。首先应注意不能大量摄入味重油腻的肉类，而要选择一些滋阴的食物，如百合、莲子、山药等，帮助身体利湿清热，调养脾胃；也不要过多食用温热的食物，如人参、鹿茸等，否则容易加重秋燥。

对于大便不畅、小便色黄、口干舌燥、食欲不振、脾虚湿热的人群，选择绿豆、冬瓜、鸭子等清热滋阴的食材来清补最为适宜；而对于怕冷、手脚冰凉、大便稀溏、脾虚寒湿的人来说，可以选择茯苓、枸杞、红枣，来滋阴补肾、补血健脾。

下面为大家推荐两道适宜秋季清补的美食。

枸杞排骨汤

枸杞含有丰富的甜菜碱、枸杞色素、枸杞多糖。枸杞色素包括了类胡萝卜素、叶黄素，以及其他有色物质。其中类胡萝卜素具有非常重要的药用价值，而枸杞多糖有调节免疫力的作用，还能够帮助身体抗疲劳、抗辐射。买枸杞时要注意选择鉴别，用手捏一捏，感觉干松、不会黏糊成团的品质较好。

食材：排骨 500 克，枸杞一小把，胡萝卜 1 根，山药半根，生姜 3 片，水适量。

做法：1. 排骨洗净，凉水入锅，水烧开后撇去血沫，捞出沥干备用；枸杞用凉水泡开备用。

2. 山药、胡萝卜洗净去皮，切成滚刀块。切山药时注意不要将汁液弄到手上，否则山药黏液中的蛋白和薯蓣皂苷会刺激皮肤引起瘙痒。这种蛋白和薯蓣皂苷比较怕热。如果烹饪过程中，手上沾到了山药的汁液，可以用稍微热一点的水洗干净，以缓解刺痒的感觉。

3. 锅内倒适量清水，加入姜片、枸杞，待水煮开之后，将排骨放进锅中煮开后转小火炖煮。放枸杞时要把泡枸杞的水同时倒进去，因为枸杞里的水溶性营养物质都在水中。

4. 等排骨七八成熟的时候，放入胡萝卜、山药，待汤再次沸腾后扣上盖子继续炖煮 15 分钟即可。

润肺百合鸭

中医认为：百合归心、肺经，有养心安神、润肺止咳的功效，对夏秋之交各种季节性疾病有一定的防治作用。挑选百合，应该选择百合瓣较厚的，药效更好。百合正常的颜色是淡淡的黄色。因此，您不要选择过大、颜色特别白的百合。将百合放在手心，仔细闻一闻，有清香、没有怪味的是好的百合。还可直接用嘴尝一尝，纯天然的百合味甘、清甜，而经过特殊处理的劣质百合则有一些发酸。

食材：净鸭子半只，百合、陈皮、蜂蜜、菊花、葱段、姜片、料酒、盐、胡椒粉适量。

做法：1. 鸭子净膛，剁成核桃块，焯水去血沫后沥干备用；百合逐片掰开，洗净捞出，沥去水分备用。

2. 锅中加入凉水，下入葱段、姜片、鸭肉块烧开后转小火炖煮。

3. 炖至鸭肉七成熟，加入料酒、盐、陈皮、蜂蜜、菊花，烧开。

4. 炖至鸭肉成熟，下入百合片烧开。

5. 炖至鸭肉熟烂，百合变软，加胡椒粉，出锅盛入汤碗即成。

汤，滋补养生有新解

李　娜

汤，最开始并不是我们现在吃饭时喝的汤，而仅仅是热水。《说文解字》说："汤，热水也。"地名里的汤山，就是温泉。比如：大家都熟悉的小汤山。《楚辞》说："浴兰汤兮沐芳，华彩衣兮若英。"早在3 000年前，古人在参加重要集会前，会用有香气的野草煮热水，待水温适宜，用其沐浴全身，以热水冲走污垢，以兰香安身定意，然后穿上漂亮的衣服，去和天地对话。后来，汤从热水的意思发展为汤水、汤药。

下饭，就是这碗"带汤儿的菜"

汤发展成为一个独立的食物品类的时间并不长。直到清朝早期，汤还是"羹"的另外一种叫法。人人皆知的"洗手作羹汤"出自唐朝王建的《新嫁娘》。初为人妇的新媳妇儿，下厨做的"汤"其实代指菜肴。

《闲情偶寄》中说："有饭即应有羹，无羹则不能下饭。古人饮酒，有下酒之物，古人吃饭，有下饭之物。饭犹舟出，羹犹水也。"这种五味调和、内容物丰富的浓稠汤水，是为了让人能顺利地把较为干硬的主食吃下去。从字形上看，"羹"字最初就是以羊为原料，以水为传热介质，以陶、鼎为炖具，用木炭火加热煮熟的带汤儿的菜。羹的内容意义是"下饭的菜"，羹的形式意义是"带汤的菜"，比如高汤鱼肚、炖鳝鱼等。

清代的"网红美食家"袁枚同志，著有教科书级别的美食著作《随园食单》。这部中国饮食文化的百科全书共有海鲜单、江鲜单、水族有鳞单、水族无鳞单等 14 部分，详细论述了我国 1 世纪至 18 世纪中叶流行的 300 多种菜式。其内容从天上飞的到水里游的，从主菜主食到粥饭点心，都有涉及，但唯独没有汤。在很长一段时间里，拿火腿、海鲜、鸡鸭或菌菇熬制的高汤、上汤，只是大菜的辅料——类似于今天的味精、鸡精、浓汤宝。它们作为主角登上餐桌的时机还没到。

| 得闲饮汤成为一种"食尚" |

清晚期，广东的老百姓吃饭必须配汤。民国有位徐珂，写了一本类似清朝百科全书的书籍——《清稗类钞》，其中说道："（闽粤人）餐时必佐以汤。"当时，广东气象清新，对外交流频繁，经济蓬勃发展，饮食内容同样丰富多彩。但此时的汤，还不是我们今天意义上有养生滋补功效的、广东人人要饮的老火靓汤。

民国初年，广东工商业发展迅速，高中低档酒楼林立。除高官商贾外，老百姓也开始走进酒楼吃饭。原来为高档菜肴提鲜的上汤、高汤逐渐独立出来成为单独的菜式，一人一盅形式的养生炖汤出现了。人们注重汤的味道，也重视汤的滋补功效，并讲究应四时之序喝汤，对自己之症喝汤。如今，在广东、香港等地，邻里间相熟的阿姨与晚辈打招呼，通常是以"食咗饭未"（吃没吃饭）开头，以"得闲上来饮汤"（有时间到家里来喝汤）作结尾。

20 世纪 80 年代，广东是新潮、时髦、洋气的象征，广式酒楼开遍大江南北，祖国各地越来越多的食客因此开始饮汤。如今，我打开网络销售平台，在书籍品类输入"汤"进行查询，相关书籍超过 100 种。汤，从幕后走到台前，因温暖、好味、营养滋补，成功站到了"C 位"（C 代表 center，是核心位置的意思）。

| 热汤，暖的是中国胃 |

现代科学研究表明，食物的温度对于胃肠道消化吸收有影响。剧烈运动后，人体需要补充大量水分，但不宜喝冰水。凉水会刺激胃肠道加速蠕动，造成不适和快速胃排空，减少液体在胃部停留时间，不利于补水，也不利于消化吸收。淀粉含量高的食物放凉后，会变得糊化程度低、老化程度高，人食用后不容易消化。不少人吃了凉饭会感觉胃部不适。

从历史上看，我国是农耕大国，生活节奏要和春种秋收保持一致。因此，人们的休闲娱乐活动、结婚嫁娶多选在冬天举办。天寒地冷，宴席又多在室外，于是菜品要浓汁勾芡，热油亮芡，用油和浓稠的汤汁把寒冷隔绝在外——菜变凉的速度会大大降低。

中餐主食的做法也决定了我们偏爱热食。烤面包、烤饼干放凉了会更好吃，小米饭、黄米馍馍，以及后来的包子、饺子、面条、馒头放凉了口感都不大好。作为植食性民族，我们的主食放凉之后，淀粉回生后会产生抗性淀粉，不仅口感不好，而且消化效率会降低——相对于热食，吃了相同重量的冷食，人饥饿的速度会变快。这对缺少食物的古人来说是很浪费的。

吃热食还可以延长寿命，提高生存质量。网络热播的美国电视剧《冰与火之歌》里，人人拿酒当水喝的剧情是非常写实的。中世纪的欧洲，人们不会将水烧开再喝，因为水导致的疾病情况很严重，所以喝酒更加安全。我国人民则很早就开始将水煮开再凉温饮用。除了水，我们更偏爱热茶。从《茶经》来看，中国人在1 000多年前就已经形成了对温热口感饮食的偏好。

｜月子汤没有"原罪"｜

现在，不少年轻人诟病给产妇在产褥期"坐月子"喝的鸡汤太油。但古时候生活水平较低，以粮食为主要饮食内容的孕妇，其主要的营养来源是鸡蛋中的蛋白质和红糖里能快速吸收的碳水化合物。她们缺乏脂肪、蛋白质、热量，甚至缺乏水分。生产后，她们需要优质蛋白为乳汁"充电"，需要大量汤水补充生产过程中流失的水分。饮汤不仅暖心，暖的更是妈妈和宝宝的健康。今天，妈妈们产后一样需要补充大量水分、电解质、碳水化合物和适量蛋白质。我们要做的不是把老人熬了 3 个小时的乌鸡汤偷偷倒掉，只要请老人少熬点时间以减少嘌呤，最后多撇撇油就可以了。

连岁秋收皆获美

黄 璐

说到秋收，哪怕从小到大都生活在城市的人，也会从心中油然而生一份喜悦，这大概是源自于中华民族几千年的农耕文明，在后辈精神 DNA（脱氧核糖核酸）上的深深的烙印。

甲骨文中的"秋"字有好几个版本，最初是只长须长足的蟋蟀。在上下结构的版本里，变为：上面是蟋蟀，下面是火盆。（图1）

图1 甲骨文的"秋"

为什么是蟋蟀呢？因为蟋蟀只在春、夏、秋三季出现，《诗经·豳风·七月》说："七月在野，八月在宇，九月在户，十月蟋蟀入我床下。"正所谓"夏虫不可语冰"——到了冬天，蟋蟀就不见踪迹了。于是，先民们便用这三季虫来代表秋天。为什么要有火盆呢？因为按照当时已经较为丰富的农耕经验，秋收后要

"焚田烧虫"。这样做一方面可以把秸秆变成草木灰肥料滋养土地，另一方面也能够用高温把土里暗藏的虫卵尽数消灭干净，以防其来年春天跑出来危害庄稼。

籀（zhòu）文时代，"秋"字则有点形声字的意味，左边是上禾下火，右边则是"龟"。（图2）"龟"，在那时读 qiū，和"秋"的读音相近。

图2 籀文的"秋"

篆文对"秋"进行了简化，没了虫和龟，只剩下了"火"和"禾"这俩零部件，调换位置变成了左火右禾。（图3）

图3 篆文的"秋"

再到后来的隶楷行草，秋字才定型成了我们如今熟悉的样子。从秋虫到燎原，造字中渗透着先人的世界观。

有学者说"秋"字的"禾"，是籀文时的笔误——源自于蟋蟀长长的触须。笔者倒是觉得如今的写法更加有秋意，禾字最上的一撇，弯向一边，仿佛此时的禾谷正被满盈盈的麦穗压弯了腰，满是丰收的意象。

《说文解字》中说："秋，禾谷熟也。"我国传统文化中，秋天的"熟禾"还是君子不忘本，做人要垂首审视自己，时刻保持谦逊美德的根基。"秋"字虽简，却蕴藏了为人处世的根本道理。

在农业社会中，夏日里几乎只需靠天吃饭，让作物自己生长就好；冬季，受自然条件所限，人们要休息为来年做准备；而春耕和秋收则是特别耗费人力物力的，还要赶时间，否则一整年的劳作都可能会白费。因此习惯上，人们会用"春秋"两字代表一年四季。儒家典籍编年体史书《春秋》，记载了200余年间的鲁国史实，而并非字面上的春季和秋季大事。"春秋"甚至成了后世史书的统称。

农谚云，"立秋忙打垫，处暑动刀镰""谷到处暑黄，家家场中打稻忙"。处暑是秋收的发令枪，也是人体养生的重要时间节点。处暑时节，暑气渐退的舒适感总会让人疏忽大意，实际上此时的湿气还很重，人们应抓紧时间排毒祛湿，赶在天气彻底凉下来之前，将身体里的余毒清扫干净。年轻人不妨采用刮痧的形式，体虚或年纪稍大的人，可以每日叩敲膀胱经，疏通经络，排湿排毒。

秋收时节天气凉爽，很多人不再苦夏，脾胃似是大开，再加上"贴秋膘"的正当理由，往往堂而皇之地大补特补，一不小心就闹个秋燥。您可以仔细回想一下，我们是怎么度过刚刚结束的这个夏天的？能不出门就不出门；长时间在空调房里、吃冰棍、喝冷饮……如此度夏必定脾胃不和，消化功能孱弱。因此，入秋后，虽应适量调整饮食补充夏季消耗的能量，但切记：积累湿寒已久的身体无法自动迅速地切换到"干爽模式"，日常膳食应给虚弱了一夏的脾胃些许缓冲时间。您可以选择一些有营养又容易消化的食物（比如：添加了肉类、海鲜的粤式砂锅粥、添加了新鲜蔬菜的牛肉火锅，等等），尽量避免油炸、烧烤类食物。等到秋分、霜降时节，脾胃功能逐渐恢复了，再"贴"那些酱卤、红烧偏重口味的肉类也不迟。

秋天时，人体气血从外往里走，运行更加平顺，苦夏恹恹不适的感觉不再，让人重获能量，萌生想要出门走走的念头。此时，气温适宜，很适合户外活动，可以去郊外或公园里呼吸呼吸新鲜空气——不仅可以让精神高度放松，而且身体会轻快起来。人们总是想用吃和运动来解决养生问题，其实情志上的愉悦，主动地去感受生活的多姿多彩，这样积极乐观的状态更能养人。

不过需要注意的是，初秋季节，人们在外出时总担心穿得不够会着凉感冒。此前提到，秋天人的气血从外往里收，与此同时毛孔也在逐渐闭合，但如果穿得太厚，毛孔就总会张着，反而不利于阳气进入，更不要说把阳气贮存在人体内。这个养生版的人体"秋收"，要求我们把外界能量收敛到身体里，为严寒冬日的"冬藏"打下物质基础——也就是老话儿说的"春捂秋冻"。

秋天，天地和人体的气机趋于收敛，不再生发。换言之，人们在秋天收获的同时，也是在收割生机，这其中带有一股肃杀之气。古语有云："女子伤春，男子悲秋。"男子属阳，更易与秋冬的阴气相感，看到万物结果，都有了归宿，若是自己在事业或生活上不得志，难免就会失落，心理不平衡。

那古人是怎么应对的呢？一来是参军，换个地方去释放杀气、建功立业；二来是纳聘，用订婚的事实，让自己担负起即将成为一家之主的担当。二者都是以顺势而为的方式来应对"悲秋"。如今，男士们在秋季盘点人生收获的时候，还多了一个避免愁情满怀、抑郁不得志的方式：跳槽——重新规划职业生涯。

看着草木摇曳、果实坠地，时近年底，我们也会审视这一年人生的收获有多少——是得盈满筐？还是正披荆斩棘在低谷里前行？善于成长的人，会想着当下开始，即刻出发就好，而不是去问晚不晚，付出后是否一定会有收益。奋斗过程中的风景，便是人生中的收获。

餐桌上的肥美

黄 璐

凡是牲畜的肉，都可以被称为肉，不过翻开中国南北各地饭馆的菜单，就会发现如今汉族人餐桌上的肉，多指猪肉，冠以牲畜种类名称以示区别的，往往是牛肉、羊肉之类的肉食——比如鱼香肉丝、京酱肉丝、木樨肉都为猪肉，而葱爆羊肉、红烩牛肉则会明确指出所用食材为牛羊肉。可见猪肉菜肴更加常见。

但在中国人的饮食历史中，猪肉在古代的地位并不高。《礼记·王制》说："诸侯无故不杀牛，大夫无故不杀羊，士无故不杀犬豕，庶人无故不食珍。"这段话可以被解读为不同阶级允许食用的肉食种类不同。另一种解读是牛肉比羊肉尊贵、羊肉比狗肉和猪肉尊贵。

|牛，地位自古尊贵神圣|

对于农耕民族而言，耕牛对农业生活是极其重要的。同时，牛也是中国人进行祭祀所用的最高规格的祭品，因此牛不仅经济价值极高，而且社会地位也很尊贵。《九章算术》里有道题："今有共买牛，七家共出一百九十，不足三百三十；九家共出二百七十，盈三十。问家数、牛价各几何？答曰：一百二十六家，牛价三千七百五十。"也就是说，为了购买祭祀用的牛，需要126家合力出资。那些生活困难无法向祖先供牛的人们，便用金灿灿的黍（黄米）捏成牛角的形状来代替牛。

想要饱口腹之欲，不仅先要攒足银两，还得注意遵守法律。古代即便尊贵的诸侯，也不能无故杀牛。《三国志》里有两个吃牛的故事。一个是说东汉末年的权臣董卓，年轻未发迹时，为招待羌族故交，冒着律法中"王法禁杀牛，犯禁杀之者诛"的杀头之罪"杀耕牛与相宴乐"。羌族首领非常感动，回草原后凑了上千头牲畜送给董卓，并称他为"健侠"。另一个是在三国曹魏时期，曲周县百姓杀牛祭祀，为父祷病，依律被县令判"弃市"，就是公开处以死刑并暴尸街头不许敛葬。幸而太守陈矫得知后，认为此人纯孝，下表赦免其罪。

随着生产力的发展，各朝各代关于"无故杀牛"的治罪律法逐渐宽松：唐朝判徒刑一年，元朝杖责一百，明朝发配到边疆充军，清朝则视情况罚款、打板子或充军。而如今，我们不仅可以自由地吃牛肉，还能吃到进口的牛肉，比古人有口福多了。

羊，统治了宋朝人的餐桌

魏晋之后，大量胡人定居华北地区。南北朝时期的《洛阳伽

192

蓝记》称"羊者是路产之最。"北魏时期的《齐民要术》与唐末五代初期的《四时纂要》，这两本中国古代重要的农书对养羊的重视程度远远高于养猪。建立唐朝的李氏家族拥有鲜卑族的血统，皇族、贵族都更爱吃羊肉，民间食羊之风渐盛。

到了宋代，羊肉逐渐统治了中国人的餐桌。北宋《太平广记》里关于肉类的记述共有 105 处，其中关于羊肉的有 47 处，猪肉只有 12 处。历代宋朝皇帝对羊肉的热爱堪称惊人。据记载，宋真宗时代，御厨每天宰羊 350 只。《宋史·仁宗本纪》里记载宋仁宗"宫中夜饥，思膳烧羊"，就是说皇上夜里饥饿，想吃烧羊。《宋会要辑稿》记载，宋神宗熙宁十年，宫廷御厨消耗了"羊肉四十三万四千四百六十三斤四两，常支羊羔儿一十九口。"宋哲宗时期，宰相吕大防曾对皇帝说："饮食不贵异味，御厨止用羊肉，此皆祖宗家法所以致太平者。"也就是说，皇家礼法要求皇室只吃羊肉。

| 猪，"逆袭"路上飞奔疾驰 |

著名的大诗人苏东坡，主业是美食家，兼职政治家、文学家、书法家、画家，曾在给弟弟苏辙的诗中"吐槽"说，"十年京国厌肥羜"。羜是小羊的意思。久居首都开封的苏东坡吃腻了羊肉，却对猪肉有着深厚的感情。

苏东坡对猪肉的爱可谓溢于言表，他在《答毕仲举书》中，将朋友陈襄在佛学方面的造诣比作龙肉，将自己平生所学比作猪肉，写道："猪之与龙，则有间矣，然公终日说龙肉，不如仆之食猪肉实美而真饱也。"通俗来说，就是猪与龙当然不同，但整天说龙肉，不如我吃猪肉，既美味又管饱。这也是"终日说龙肉，不如食猪肉"名言的出处，意在为人、求学都应务实。宋朝的权贵们虽然喜欢羊肉，但民间的猪肉消费也不容小觑。《东京梦华录》记载，首都开封每晚有数十人驱赶着从四川收购来的上万头猪进京，场面极为壮观。

到了明朝，吃猪肉渐渐开始流行起来。《明宫史》记载，皇家过年时会吃烧猪肉、猪灌肠、猪肉包子等。万历五年时，1 斤羊肉卖 0.013 两纹银，猪肉则是 0.018 两；到了万历二十年，羊肉小幅上扬到 0.015 两纹银，而猪肉则卖到了 0.020 两。

清军入关后，带来了更多的猪肉菜肴。猪肉可谓是彻底"逆袭"了。清朝袁枚的《随园食单》里，介绍了乾隆年间江浙地区流行的 326 种菜肴，与猪肉相关的 43 道菜被单独列在《特牲单》，并总结说："猪用最多，可称'广大教主'。宜古人有特豚馈食之礼。"其中，猪头的做法就有两种，猪蹄有四种，各种猪下水的做法也都有记述。牛肉、羊肉的做法被归在《杂牲单》里，说它们"非南人家常时有之之物"。牛仅有牛肉、牛舌两种做法，羊只有全羊、烧羊肉、羊羹、羊蹄等 8 种做法。

| 食物的"食物" |

从世界范围内驯化野生动物的历程来看，人类将狗驯化为家养动物大约在公元前 1 万年，驯化山羊、绵羊和猪要比驯化狗晚

了 2 000 年，驯化牛要比羊和猪晚 2 000 年，驯化马、驴、水牛则比牛要再晚 2 000 年。只有生产力足够发达，人们才有富裕的粮食去饲养肉用动物。动物养殖的料肉比大约是 10∶1。通俗地讲，想要获得 1 000 斤的牛肉，需要用 1 万斤的草料去喂养。

明代《沈氏农书》记载，江南地区养山羊十一只，一年需要饲料一万五千斤，其中农户自己提供的只有一千余斤桑叶（占 7%），剩余的枯草、枯叶各七千斤都需要从别处购买，总共需要六两银子，在当时是一笔相当大的开支。花费如此之高，但收益却有限。《膳夫经手录》中说，"羊之大者不过五六十斤。"

相对而言，养猪的性价比更高。猪的肠道较长，区别于牛、羊，吃"更少"的食物能产出更多的肉。猪喜食甘薯、倭瓜，能较为充分地吸收食物中的碳水化合物并转化为自身的热量。明朝有记录说："肉猪一年饲养两槽，一头肉猪饲养六个月可得白肉九十斤。"清代同治年间的《上海县志》记载："豕，邑产皮厚而宽，有重至二百余斤者。"如今，猪肉已经成为国人肉类食物的主角——我国猪肉产量占肉类总产量的 60%以上。

改革开放 40 多年来，我国人民生活水平日益提高，食物消费结构也发生了很大的变化，最突出的一条就是肉类产品消费增加。当人民的收入水平相对较低时，为了吃饱，饮食内容以粮食为主；当物质基础逐渐提升，谷类、薯类食物的份额便逐渐由肉蛋奶来代替。

能吃肉的日子，果然是好日子。

食不偏，唯喜肉

李 娜

现代社会，人们为了更好地生活，实现或远或近的"小目标"，除了努力工作、认真生活，也得琢磨着怎么吃、怎么运动才能维持自己最好的状态，毕竟没有健康体魄的支撑，说啥都是空谈。因此，朋友圈里很多友人会晒美食、晒每日行走步数、晒"半马"（半程马拉松，跑步距离为 21.097 5 千米）成绩。

在受人追捧的健康饮食、低脂饮食方案中，"肉"，特别是"红肉"，也就是通常所说的猪肉、牛肉、羊肉之类，其地位是很低的。大家即使吃肉也会选塞牙的鸡胸肉，或不加调味的清蒸深海鱼。笔者的一个年轻女性朋友就抱怨说："健身教练给的100 种无油鸡胸的吃法，听着就觉得无趣，根本不想试。"对于早已解决了温饱问题的现代人而言，吃饭不仅得管饱，也得满足人们精神层面的需求：吃起来要美味，拍出来照片要漂亮，自拍作为背景要显示出一定的生活质量，菜品本身还得有趣。

的确，"美食"二字，"美"字在前。食物如果失去了上佳的口感、咸淡适宜的调味，用心考究的摆盘，只追求卡路里数值够低，吃完了饿不死就行，那人类社会进步的意义何在呢？

一斤分八块，黄酒氤氲中，周身被浓厚糖酱之衣所裹，皮紧弹牙、肉糯润喉，羞答答悄然而立，婉约中带有无限风情的东坡肉，能否拨动你的心弦？

随着节奏明快、情感炽烈的冬不拉乐声，散发出混合着阳光、沙土、炭火综合香气，块头硕大充盈于舌齿之间，一进口便冲破味蕾防线，将鲜、辛、烫的混合香味直送入五脏，狂野而奔放的红柳枝烤肉，咬上一口会不会通体舒畅？

古城墙根底下，数百年苍天大树掩映的老店里，裹面粉保湿润口感，入椒盐增馥郁香气，佐蒜配茶不腻口，若加个荷叶饼，则是一顿顶饿好饭食的粉蒸牛肉，这肉与碳水化合物相得益彰的最佳搭配能否令你心神荡漾？

红肉的美好，如江湖中快意恩仇的仗剑侠客，一出场便是雷霆之势，吸引你的五官六感，不消两下，便击得敌寇四下溃败。帅气，洒脱，令人过目难忘。

工作上的不顺意，无良房东不给修马桶，出租车司机在车里抽烟，刚出门丝袜就破了，加完班赶不上最后一班地铁，如此种种。任外面大浪滔天，我们总是要吃饭的。一顿饭吃完没有结果，那么下一顿吃完终究是可以解决的。

当您饥肠辘辘时，若有菠萝咕噜肉或酱爆肉丝这样平价、合口、下饭的料理摆在眼前，心境立刻就平稳下来。热气、香气袭来的瞬间，您便会忘记那累人的烦心事。只剩您与佳肴独处，她理解你的不易，热气腾腾表达了那句"你辛苦啦"，愿用一己之力抚慰您的哀愁，给您热量、给您蛋白质、给您脂肪，给您饱足感，当肾上腺素调动起味觉的欢愉，烦恼便已抛在脑后。

您看到这里可能会有疑问：吃肉不健康啊，这么肆无忌惮地给嘴巴过瘾，吃出"三高"可怎么办呢？而且，世界卫生组织将加工后的肉制品列入致癌食物名单，而且红肉本身也属于可能致癌的食物呀！

加工红肉包括香肠、火腿、培根等，它们对身体的危害，很多文章都曾经科普过，总的原则就是尽量少吃，以控制"亚硝酸盐"的摄入量。这玩意儿吃多了，会在身体内形成具有致癌风险的亚硝胺。和加工肉制品相比，红肉本身并不含有致癌物，并不是只要吃红肉就会提高人体的患癌危险。世界癌症基金会对相关证据的评估是，每周吃不超过 500 克的红肉并不会增加患肠癌的危险。

《中国居民膳食指南》对我国健康成人每天的肉类摄入的推荐食用量是 50～75 克。红肉富含蛋白质、脂类，维生素 A、B 族维生素以及铁、锌等矿物质，其蛋白质含量一般为 10%～20%，氨基酸组成与人体需求较为接近，营养价值较高，也符合预防癌症风险的要求。只要数量不过多，不过咸，少油炸，是可以吃的。

不过，放松还需适度。历史上很多文豪都是因为饮酒啖肉太过快活不能自已，而致极乐升天，往那厢世界作诗去了。这种死

198

法虽得其所，有羽化登仙之妙，但终究是活着才能吃到下一顿的肉啊。

"菜肴"二字，是菜与肉的合体。

中国古人没有选择和西方人一样的肉食，而是以粟食为主。早期，古人不具备给谷物脱粒的技术手段。此物又硬又粗糙，不容易蒸熟，不仅刺嘴巴，也刺嗓子眼儿，走哪儿刺哪儿，还不好消化。吃顿饭如上大刑。后来人们学会了做羹，就是有汤儿的菜肴。有了它，主食具备了一定的滋润度，更适于下咽。当然，一开始还是地主家雇工的伙食水平，稀的多、干的少。但尽管如此，羹菜也一举提高了我们味觉的欣赏水平，令美食文化从此多彩起来，烹饪技法从蒸煮发展到了煎炸炒、熘焖炖、烤熬煸、汆酿烧，简直是打开了新世界的一个大门，更不吝说强健了国人的体魄，也为吃遍全宇宙顺便打了个底儿。

关于"肉食"是否有益？在健康观点大行其道的当下，有人谈肉色变，说应该以素食为主，不然血压、血脂、血糖，除了血型，哪哪儿都会高的。但一本名为《谷物大脑》的美国畅销书为食肉者正名了。说碳水化合物如同《沉默的羔羊》里的"变态杀手"，专门蚕食大脑，能引起痴呆、抑郁、癫痫，反正是吃太多会让人变傻。想要给智商加分怎么办？得吃肉！

此书为一家之言，姑妄听之。正确与否留待科学家们去论证。但这的确随了我们好肉者的心愿，吃肉不是罪恶，是来自烙刻在远古祖先 DNA 里的心灵呼唤，是对我们演化成最高阶智能动物的奖赏和犒劳。

亿万年前，当人们拿着石斧、长矛狩猎时，那些素食嚼谷儿远远无法给人充饥。人们能做的仅仅是当了一回人体播种机。你懂得，怎么吃进去，怎么排出来。更大的脑容量，更强的力量，更大的家族，更远距离的跋涉，都需要人类吃肉！

下一餐，您准备添个什么肉菜呢？

橘柑橙柚三两言

陈培毅

柑橘类水果种类繁多，往往一入冬就能占领多半个水果摊。常见的有芦柑、砂糖橘、脐橙、血橙、西柚、蜜柚、皇帝柑、金橘、柠檬、南丰蜜橘、福橘、四川红橘，等等。佛手柑、香橼等虽然口感不好，香味却是一等一的，也是最原始的气味芳香剂。柑橘家族的原始老祖是香橼、柚子和宽皮橘。香橼现在已经不太常见了。宽皮橘顾名思义就是橘皮很宽松，四川红橘、福建红橘、南丰蜜橘都属此类，特点是好剥皮。

｜橘子，可以美容的水果｜

橘子味道酸甜可口，外形红艳可爱，过年时家里摆放几只，尤为喜庆添彩。

橘子含丰富的果酸和维生素 A、B 族维生素，可以营养皮肤的上皮细胞，增强皮肤的抵抗力，保持水分，减少皮肤干燥，嫩肤美容。橘子中维生素 C 的含量比苹果、梨、桃子要高。一个橘子就几乎能满足人体一天中所需的维生素 C 的含量,能帮助肌肤抗氧化,促进胶原蛋白的形成,祛斑并抑制色素生成,令皮肤更有弹性。维生素 P 很少被人提及,它又称芦丁,在橘子中含量很高,能防止维生素 C 被氧化而受到破坏,帮助人体吸收维生素 C。它无法在人体内合成,只能从食物中摄取。橘子还富含柠檬酸,可帮助消除疲劳,促进通便,排出体内的毒素,让皮肤远离黑斑。

基于橘子的美容功效,为大家介绍几个护肤小窍门。

1. 清洁:用洗面巾浸透橘子汁擦拭面部皮肤,充分吸收 5 分钟后用清水洗净,可彻底清洁面部污垢和油脂,发挥深层洁肤功效。

2. 补水:将橘子瓣切成薄片贴在下眼皮(注意防止汁水滴入眼睛),当成眼膜来使用,用手指轻轻地按压几分钟,能有效补充眼部水分。

3. 养神:沐浴泡汤时如果加入少量橘皮汤,能带来沁人心脾的芬芳,有助于保持皮肤润泽、柔嫩。

说起橘子,我们就不得不说一样东西,就是陈皮。陈皮分川陈皮和广陈皮。川陈皮是理气健脾、燥湿化痰的良药,它含有重要的黄酮类活性成分——橙皮苷、川陈皮素、红橘素,这三种成分有明显的抗氧化、抗菌、抗肿瘤的作用。川陈皮健脾、去湿、化痰、降脂的效果很明显。配伍不同的食材可以起到很好的养生作用。广陈皮,却不是橘子的皮,是柑的皮。

| 柑，家族里出了位国宝 |

柑是一个支系繁多的大家族，里面既有甜橙和宽皮橘杂交产生的贡柑、芦柑，也有由宽皮橘变化来的温州蜜柑，以及八竿子打不着的金柑，也就是我们常说的金橘。至于很多人经常吃的广柑，事实上不是柑，而是橙子。

咱们接着来说说上文里提到的陈皮。广陈皮，是陈皮里的上品，由广东新会大红柑的皮制成，存放三年以上才能被称为是陈皮，味苦、辛，性温，有理气、健脾、燥湿、化痰的功效。新会陈皮是国家地理标志产品，作为国宝级的中药饮片，加工炮制都非常讲究。广陈皮陈得越久越好，随着时间的流逝，黄酮类化合物含量会相对增加，其药用价值才能体现出来。所谓"千年人参，百年陈皮"，百年的陈皮，比黄金都贵重。

广陈皮味道有点苦。"苦"味食品是"火"的天敌。苦味食物之所以苦，是因为其中含有生物碱、尿素类等苦味物质，中医研究发现，这些苦味物质有解热祛暑、消除疲劳的作用。此外，广陈皮还有很好的去腥、芳香的作用，也被用于制作菜肴。

陈皮牛肉

牛肉洗净，切成肉丁。热锅里放油，烧至八成热，投入牛肉丁，炸干水分捞出，放入另一锅中。加适量清水，大火烧开后转小火，直至牛肉酥透。陈皮用水泡软切末，生姜去皮切末，葱切碎，蒜捣泥，待用。锅烧热放油，投入陈皮、葱姜末、蒜泥、辣椒面、花椒粉，炒匀，倒入牛肉丁及剩下的原汁，再放入酱油、盐、白糖，调味收汁，淋香油拌匀即可出锅。

陈皮红豆沙

红豆洗净泡 2 小时，陈皮切小块。锅中适量清水烧沸，放入红豆、陈皮，中火煲煮 1 小时，至红豆酥烂、汤汁黏稠。将红豆滤出，去壳碾成豆泥。将红豆泥、红豆水、冰糖同放入煲中煮沸，勾薄芡即成。

｜橙子，满满都是回忆｜

我小时候，北方的冬天可没有现在这么丰富的水果蔬菜，啃多了萝卜、白菜、土豆，孩子们最期盼的就是金灿灿的橙子了。酸甜的果子切成数瓣，孩子们每每吃得满脸都是。吃完橙子，把橙子皮放在热热的炉子上，在高温的烘烤下，橙子皮的香味慢慢释放出来，一屋子都是香气。橙子酸酸甜甜的味道，在那食物匮乏的年代里，带给我们无限的幸福回忆。

橙子是橘子和柚子的儿子，有着橘子的娇小个头和柚子的厚脸皮。橙子在中国的发展，已有将近有 4 000 年的历史了。这么多年来，橙子这个柑橘家族的"太子爷"就干了一件事儿，那就是开枝散叶。橙子加柚子，等于葡萄柚；橙子加香橼，又等于柠檬。近年来，这个家族还越来越兴旺：冰糖橙、血橙、脐橙、褚橙等，光是甜橙就有 400 多种，更别提还有酸橙了。

橙子自古以来就是"疗疾佳果"。和吃橘子"上火"不同，橙子吃了并不"上火"，反而因为柚子的血统关系，还能有些"祛火"的效果。从营养的角度来看，橙子含有丰富的叶黄素、维生素C、β-胡萝卜素、柠檬酸、维生素A、B族维生素、烯类、醇类，醛类等营养素。橙子里的膳食纤维也不少，同样有润肠通便的作用。当然，喝橙汁的话，通便效果就不好了。

挑选橙子，有个窍门，就是同一类橙子中，就像选美女一样，要挑细皮嫩肉的。通常来说，这样的橙子皮比较薄，水分更多，果肉较为柔软。

| 柚子，能够"祛火"的美食 |

传统医学认为柚子味甘酸、性寒，具有消食和胃的功效。柚子厚厚的白瓤虽苦，但却是"祛火"的精华。其苦味的来源之一柚皮苷，是一种双氢黄酮类化合物，具有抗炎症、抗病毒、抗过敏、抗溃疡的作用，能改善局部微循环和营养供给，可用于防治心脑血管疾病。柠檬苦素也是柚子呈现苦味的主要原因，一般在柑橘属植物果实中富集，尤以种子中浓度最高，具有一定的抗癌和抗病毒作用及其他有益生物活性。

柚子皮的白瓤入菜，还能起到化解油腻的作用，在沙田柚的产地——桂林，当地人就有炒柚子瓤的习惯。比如柚子瓤焖五花肉、柚子瓤烧鸡等，菜品口感清凉，能清火解暑，去油解腻。

柚子家族里有一个成员叫作葡萄柚，也就是我们常说的西柚。葡萄柚的血缘关系说起来有点复杂，它的妈妈是甜橙、柚子和宽皮橘的结合；父亲则是柚子，跟葡萄没有半毛钱的关系。

葡萄柚这个家伙不安分得很，它和很多高血压的药物结合会产生不好的药物反应。葡萄柚汁中含有的黄酮类柚苷和二羟佛手苷等，能选择性抑制肠壁组织中的药物代谢酶，会增加非洛地平、氨氯地平、辛伐他汀、阿托伐他汀、咪达唑仑等药物的毒性风险，给患者带来极为危险的不良反应。所以，高血压患者在服用药物之前，最好仔细读一读药品说明书，有些药物的说明书上会详细标明该药物不能和葡萄柚同服。

鸭汤菜饭慰秋夜

李　娜

古人说夏天，常以"苦"字形容，所谓"苦夏"——气温高，又没有现代化便捷的有效降温手段，所以常用"心静自然凉"自我安慰。这是在炎炎酷暑中求得一丝凉意的精神疗法，也是古代知识分子对自己淡泊世俗名利之志的刻意培养。但初秋的时光其实十分美好，肃杀之气未至，草木枝叶依然繁茂，尚有不少品种鲜花开放，气候凉爽，非常宜人。不少人爱在这个季节里"贴秋膘"：一是之前夏日胃口恹恹，不思饮食，如今却食欲大盛；二是遵循自古就有的传统，名正言顺地行"吃货"本色，岂不痛快？

但您先别着急买牛、炖羊，咱们夏天常开空调、吃冷食、喝冷饮，阳气外浮，人体内相对湿寒，脾胃较为虚弱，一入秋就开始大补特补并不适宜。肠胃需要一个适应的过渡阶段。日常饮食建议您食用较为容易消化的食物。此外，秋风一起，气候相对干燥，人体容易出现口干舌燥、鼻干咽痛、大便燥结、干燥脱皮等现象，这就是中医学常说的"秋燥"。如果不加克制地一味吃油腻食物，则不利于身体健康。适当吃些粥饭能起到和胃健脾、润肺生津和养阴清燥等作用。我给您推荐一道好吃不贵，还能解秋燥、除秋困的美食——鸭汤菜饭。

用料：烤鸭的鸭架子一只，粳米100克，小油菜200克，橄榄油少许，盐适量，葱末适量，葱段若干，姜片2片。

做法：将鸭架子同葱段、姜片一起放入锅中，加适量水。水开后，小火熬煮30分钟关火。取出葱段、姜片，将鸭汤凉至微凉。将米和适量鸭汤放入电饭煲，按煮饭键。将小油菜洗净，切块，用橄榄油以小火稍加煸炒一两分钟，放入稍多一些的盐。待饭熟，将炒好的小油菜放至电饭煲中和匀，盖盖闷5分钟即可。注意，此款菜饭是较稠的粥饭，所放的鸭汤可比平常煮饭放的水稍微多一些。

中医认为鸭肉味甘微咸，性偏凉，入脾、胃、肺及肾经，具有"滋五脏之阴，清虚劳之热，补血行水，养胃生津，止咳息惊"等功效。金秋时节的鸭子最为鲜嫩肥美，是荤食中的第一滋补佳品。无论是阳气亢盛，津液损伤，出现头晕目眩、口干舌燥、身倦乏力等症，还是秋燥引起的阴虚血亏、烦渴难眠、干咳少痰之症，食鸭肉喝鸭汤，既能补充过度消耗的营养，又可祛除疾病给人体带来的不良影响。粳米性平，味甘，可滋润五脏，再加上富含膳食纤维、维生素的小油菜，和含有不饱和脂肪酸的橄榄油，这款鸭汤菜饭荤中有素，虽荤却不油腻，虽素却滋味润美，实在是一道老幼咸宜的初秋补益食方。

秋夜，若没有一碗翠绿鲜亮、暖心暖身的鸭汤菜饭，注定难以将息。

好成绩"吃"出来

王桂真

| 清淡饮食 |

对于大多数考生来说，精神压力、脑力劳动强度都非常大。在各类食物中，高蛋白、高脂肪含量的畜类食物，会给消化系统带来较大的负担。摄入过多的蛋白质、脂肪，会增加人体基础代谢的水平，增加消化系统对人体能量的消耗，从而导致大脑反应迟钝，昏昏欲睡。但清淡不等于全素，考生可以食用些好消化的鱼肉、鸡肉或者豆腐、牛奶，补充蛋白质。

| 吃七八分饱 |

备考期间，孩子们几乎都会争分夺秒地学习。不少考生吃饭的时候都是狼吞虎咽的。饭后立马就回到书桌前苦读。有的甚至吃饭时都书不离手。此时，人的注意力就会被书本分散。等察觉到自己吃饱时，很可能已经是吃得过饱了。而狼吞虎咽更容易让人吃下过多的食物，等反应过来时便已经"撑得慌"了。所以中高考学子吃饭时，应放下书本，放下手机，专心吃饭，细嚼慢咽，避免过饱。怎么叫七八分饱呢？就是饥饿感已经消失了，但是还有进食的欲望。此时，就可以停止了。但是孩子们自控能力差，特别是中考考生，遇到喜欢吃的可能停不下来。对此，一是可以用分量适合的餐具，将食物分批次端上餐桌；二是可以做点稀粥、汤，给孩子"溜缝儿"。

| 适当补充维生素 |

大脑能量代谢的调节与很多营养素有关，其中比较重要的是B 族维生素。尤其是维生素 B_1，它会直接参与蛋白质、脂肪和碳水化合物的能量代谢。当大脑处于紧张状态时，能量消耗就会增大，维生素 B_1 的供应必须要相应的增加。维生素 B_1 还可以缓解人的紧张情绪，减少抑郁症的发生。富含维生素 B_1 的食物主要有瘦肉、肝脏、粗杂粮、小麦胚芽片和坚果等等。必要的时候，可以服用维生素 B_1 补充剂。

| 血糖要稳定 |

葡萄糖是大脑能量的唯一来源。并且，大脑几乎不能储存葡萄糖。所以，大脑必须要从血液中获取到足够的葡萄糖才能维持运转。

血糖的直接来源是食物中的糖类（碳水化合物），所以一日三餐中必须要摄入富含糖类的粮谷类食物——主食。主食不宜太精细。过于精细的主食会使血糖迅速上升，但稍后血糖下降的速度也非常快，容易让人产生疲劳感而无精打采。粗杂粮消化慢，缓解释放的葡萄糖不仅能保证长时间给大脑供能，还避免了血糖迅速上升的负面影响。

| 合理搭配 |

考试来临之际，饮食搭配上应注意不要过于油腻，以清淡少盐为主。每天 1 个鸡蛋，300～500 克蔬菜（一半是深色的蔬菜），250 克水果，100 克瘦肉，300 毫升乳制品，300 克主食，每周25 克动物肝脏。吃好早餐，少吃零食，同时拒绝含糖分较高的饮料。考前突击时，饮食上要注意吃易消化的食物，适量搭配膳食营养素补充剂。

| 考生晚餐建议 |

考生在晚餐后还需要挑灯夜战，所以饮食搭配中需要有充足的能量维持晚上的学习，但是却不宜过量。

1. 主食不可少：比如花样馒头、杂粮米饭、杂粮粥、水煎包等。主食中含有淀粉类的碳水化合物，淀粉分解后的葡萄糖是大脑最经济、最直接、最高效的供能方式。因此，在学子们的营养晚餐中，主食必不可少，以 100 克左右为宜。

2. 肉类必有但不宜多：动物类食物尤其是红色瘦肉如猪、

牛、羊肉；白色肉类如鸡、鸭、鹅肉；水产类如鱼、虾，其中都含有丰富的优质蛋白质。适量补充优质蛋白质有益于考生大脑组织的修复。

3. 蔬菜水果要足量：许多考生家长认为大鱼大肉的营养价值更高。事实上，蔬菜水果中所含的矿物质、维生素是肉类无法替代的，其中丰富的膳食纤维也是肉类中没有的。晚餐的蔬菜中，深色蔬菜（如绿色、紫色、红色）要占一半以上。

4. 加餐牛奶可帮忙：如果夜间学习时间较长，则可以给孩子准备加餐。奶制品中含有丰富的钙，可预防考生由于缺钙引起的抽筋；配合以适量运动，增强体质，可减少因体质下降引起的疾病。如果只喝牛奶觉得还是饿，则可以在牛奶中加点燕麦片，做成牛奶燕麦片粥，既能补充营养，又能补充能量。

| 一周晚餐食谱举例 |

周一晚餐：豆沙包，清蒸鲈鱼，清炒茼蒿，黑米杂粮粥。

周二晚餐：双色花卷，菠菜炒粉丝，红烧鸡块，海带排骨汤。

周三晚餐：馒头，肉末茄子，凉拌双耳，香菇鸡块，小米稀饭。

周四晚餐：水煎包，清炒莴苣，椒盐大虾，玉米糊糊。

周五晚餐：三鲜肉包，彩色豆腐，蚝油生菜，小米粥。

周六晚餐：杂粮饭，莲藕炖排骨，凉拌芹菜，西红柿鸡蛋汤。

周日晚餐：南瓜发糕，清炒西葫芦，香煎带鱼，海鲜疙瘩汤。

儿童反复咳嗽
当心缺乏营养

刘　静

学龄前儿童，尤其是初上幼儿园的幼儿，经常被反复的呼吸道感染所困扰，咳嗽久治不愈，有的甚至还演变为严重危害身体的疾病——哮喘。

儿童饮食营养与呼吸系统疾病的发生和发展有着密切的关联。可以说，营养均衡的科学饮食能适当阻止环境中不利因素的影响；而不科学的饮食可成为致病因素，对孩子健康的影响其实并不比细菌、病毒小。对于那些免疫力差，反复咳嗽的儿童，家长们应当关注他们是否缺乏以下几种营养素。

维生素A：维生素A摄入过少，会导致人体呼吸道黏膜上皮细胞干燥萎缩，抗病能力减退。所以无论儿童是否咳嗽，都应该多吃一些橙黄色蔬果和绿叶菜，如胡萝卜、柑橘、西蓝花、菠菜、枸杞等。这些食物中富含的β-胡萝卜素，可在人体内转化为维生素 A。奶类和蛋类食物也是维生素 A 的补充来源。

维生素 C：如今，大部分孩子偏爱"三高"（高脂、高糖、高盐）食物，导致蔬菜水果摄入量严重不足。人体无法合成维生素 C，需要从外界食物获取。而蔬果类食物中含有大量的维生素 C，不仅能促进儿童身体发育的胶原和神经递质合成，还可以促进抗体形成，提高免疫力。家长们一定要在膳食中多为孩子增加绿叶蔬菜和新鲜水果。

维生素 D：维生素 D 除了能够调节人体内钙磷平衡，还与肺部的感染性疾病发生有关。维生素 D 缺乏可降低肺功能，增加肺部感染炎症以及肺气肿的发生概率。对于儿童来讲，每周 2～3 次，每次不少于 2 小时的户外活动就能满足人体对维生素 D 的需要。由于维生素 D 并不广泛存在于天然食物中，所以日照时间不足的儿童，可以适当服用一些维生素 D 营养补充剂。

铁和锌：研究表明，反复咳嗽不愈的患儿，其免疫细胞低下与微量元素铁、锌的缺乏有关。锌对人体免疫系统的发育以及维持正常免疫功能都具有一定的积极作用。而铁元素缺乏则可引起多种组织改变和功能失调，如缺铁对免疫功能造成损害，容易引发呼吸系统反复感染。家长在儿童非疾病期，应当给儿童适当增加含铁、锌丰富的食物，如动物肝脏、瘦肉、生蚝、贝类、坚果类食物。每月让孩子食用动物内脏 2～3 次，每次 25 克左右即可。

水分：足量饮水也是应对咳嗽病症的重要手段。《中国居民膳食指南》关于学龄前儿童饮水的推荐量为：每天饮奶，足量饮水。儿童每天饮奶 300～400 毫升，每天饮水总摄入量，包括饮食中的汤水、牛奶，合计为 1 300～1 600 毫升。饮水应以白开水为主。儿童胃容量较小，饮水应少量多次，上下午各 2～3 次，晚饭后可以根据情况定。咳嗽的儿童更要多喝水来促进体内代谢和痰液的稀释排出。

用食物开启孩子的聪明大脑

刘 静

孩子上课注意力不集中，其实与他没养成良好的早餐习惯有很大关系。

大脑工作时对营养物质的需求非常高。葡萄糖是大脑的供能源，只有大脑中的葡萄糖含量保持稳定，人才能有好的记忆力、思维力。如果孩子早餐没有吃好或者干脆不吃，他的身体功能系统就会做出应急处理。为了使血糖升高，身体会分泌压力激素，这样会导致血压与血糖一起升高，心跳加快，引发心理上的不安和焦躁，从而使孩子无法集中精神学习。有的家长误以为孩子有多动症，事实上，可能因为孩子体内缺少能量，心理上的急躁使孩子不由自主地乱动，控制不了自己的行为。孩子若长期不吃早餐，危害更大。由于营养摄入不足，可引起缺铁性贫血。不吃早餐的学生更容易在午餐时暴饮暴食，摄入过量的食物，导致儿童肥胖症的发生，甚至会导致成年后易患消化系统疾病。

有研究调查早餐与孩子学习成绩、情绪、性格方面的关系。结果发现：有正常吃早餐习惯的孩子的数学成绩更高；忧郁、不安、多动等情绪方面的问题也较少出现；思维更加敏捷、准确，解决问题也更加迅速。

早餐中的营养物质对大脑发育发挥着重要的作用。那究竟营养早餐的标准是什么呢？《中国学龄儿童膳食指南（2016）》建议早餐应提供全天25%～30%的能量，至少应包含谷物类、肉禽蛋类、奶制品或豆类、新鲜蔬果类中的3种或3种以上食物。其中，健脑的食物有：鸡蛋黄中的卵磷脂是大脑细胞和神经系统发育不可或缺的物质，能增强记忆力；鱼类尤其是深海鱼类中含有丰富不饱和脂肪酸，也是健脑的重要物质；坚果类可以为大脑提供充足的亚油酸、亚麻酸等不饱和脂肪酸，促进脑细胞充分发育。

对孩子大脑发育有害的食物，如以传统方式制作出的含铅松花蛋、爆米花等。铅是脑细胞的重大"杀手"，进食含铅量高的食物会造成孩子智力低下。添加明矾油炸出的油条、油饼等也是需特别警惕的食物，长期食用会导致孩子思维迟钝，大脑记忆力下降。此外，熏制类、腌制类食物，孩子也应少吃。

很多父母，尤其在孩子上学后，认为孩子多吃饭，吃得香就行，对重口味食物不加限制，对孩子饮食习惯是否正确不再愿意花精力去思考，谈论不休的话题全部是孩子的学习成绩。事实上，不管父母对孩子抱有什么样的期望，健康才是成功的基础，为孩子准备有益于大脑的饮食是对孩子未来最有价值的投资。

饮 食 帮 忙，
预 防 儿 童 便 秘

刘 静

儿童便秘特别常见，其主要表现是大便次数减少，粪便干燥坚硬，排出困难，排便周期达到 2～3 天甚至更长。排便时，儿童会哭闹，有时还会因过于用力而引起肛门破裂出血，加重儿童排便的心理恐惧。长期便秘，会使肠道的消化与吸收功能减退，不仅营养不能输送到全身，而且大肠杆菌等有害菌还会趁机在肠道内大量繁殖，产生毒素危害大脑，造成儿童精力不集中、缺乏耐性、贪睡、喜哭、对外界变化反应迟钝、不爱说话，影响身体健康和智力发育。

儿童便秘最常见的原因是膳食种类单一，营养不足。儿童每日摄入的食物中膳食纤维少而蛋白质成分较高，尤其是蔬菜吃得少。肥腻甜蜜的食物受到儿童的偏爱，造成孩子消化功能逐渐下降，食物残渣在肠道内停留时间过长，水分被完全吸收，就会形成便秘。

　　缓解儿童便秘最有效的方法，是调整儿童的饮食结构，丰富儿童饮食的营养素。

| 膳食纤维 |

　　膳食纤维包括水溶性和非水溶性两种。水溶性膳食纤维可以像海绵一样吸水膨胀，使粪便保持一定的水分和体积，润滑粪便。不可溶性膳食纤维可以促进胃肠道蠕动，利于粪便排出。蔬菜、水果、薯类、菌藻类、全谷类食物是膳食纤维素的丰富来源。

| 水 |

　　很多孩子喝水不足，有的还会用饮料等来代替水。科学饮水首选白开水，学龄前儿童每天饮水量为600～800毫升。当然，豆浆、牛奶和果蔬汁也可以作为饮水补充。没有充足的水分，膳食纤维素便不能发挥刺激人体肠道蠕动的作用。

| B 族维生素和脂肪 |

　　这两种营养素对食物的消化吸收也有一定的促进作用，尤其是维生素 B_1，可以影响神经传导和肠胃蠕动。如果脂肪吃得太少，肠道就会缺少脂肪的润滑而导致排便困难。所以我们应该给孩子多补充一些如葵花籽仁、花生仁、核桃等食物，每天一小把，可有效缓解便秘。

| 益生菌 |

家长可以给孩子喝酸奶补充益生菌，促进肠道运动。前提是，酸奶的菌种和数量要选对。建议您尽量挑选原味酸奶，且发酵菌是 A-嗜酸乳杆菌、B-双歧杆菌。大多数酸奶所用的菌种是嗜热链球菌和保加利亚乳杆菌。这两种菌不能在肠道内定植，并不是真正意义上的益生菌。

总之，除了做到饮食结构合理，家长们还可以训练孩子养成定时如厕的习惯，给孩子预留出充足的时间如厕。此外，适当增加一些运动对缓解和预防便秘非常有好处。

抓住生长黄金期
帮助孩子增身高

世界卫生组织的研究证实，儿童生长发育具有显著的季节性，春夏季的身高增长速度可能为秋冬季节的 2～2.5 倍。一直担心孩子个子不高的父母们，一定要抓住这个大好时机，为孩子长高助一臂之力。

｜饮食平衡，营养全面｜

人体发育需要充足、全面的营养，营养过剩或不良都会导致各种疾病的发生，造成儿童生长发育迟缓或停滞。挑食、厌食、饮食不规律和肥胖的儿童都不容易长高。儿童饮食如何做到膳食平衡呢？中国营养学会发布的"中国儿童平衡膳食算盘"可以为家长们提供很好的参考：儿童每天应尽量吃到谷薯类食物 5～6 份（谷类 50～60 克/份，薯类 80～100 克/份）；蔬菜类食物 4～

5 份（100 克/份）；水果类食物 3～4 份（100 克/份）；畜禽肉蛋水产品 2～3 份（40～50 克/份）；大豆坚果食物 2～3 份（大豆类 20～25 克/份，坚果类 10 克/份），适量油盐，减少零食的摄入，才能达到膳食均衡的基本标准。

每天有奶，日照充足

骨骼对儿童的身高影响较大，而钙是构成骨骼的重要元素，儿童身高增长自然少不了钙的帮助。牛奶含有丰富的钙，但很多儿童可以正常进食后，就丢掉了"生下来的第一顿口粮"——牛奶。儿童应保证每日饮奶量达 300 毫升以上。此外，豆腐、芝麻酱、海带、紫菜、口蘑、木耳等都是含钙较多的食物。维生素 D 能促进人体对钙的吸收，所以儿童补钙时要补充维生素 D。天然食物中的维生素D含量较少，但人体可在晒太阳时获取维生素D，建议家长们多带着儿童到户外运动。

足量睡眠，作息规律

脑垂体作为分泌生长激素的人体器官，在儿童睡眠时候达到分泌的高峰。1～3 岁孩子的睡眠时间应达 12～14 小时；4～6 岁孩子的睡眠时间应达 11～12 小时；7～10 岁孩子的睡眠时间应达 10 小时；10～14 岁孩子的睡眠时间应达 9 小时。每日 21 点 30 分前入睡最佳。为了培养孩子良好的作息习惯，喜欢熬夜的家长们要以身作则，尽量早睡早起。

呵护陪伴，慎用药物

您是否能够给予儿童足够的陪伴时间；是否愿意俯下身来与孩子交流；是否可以放下脚步跟随孩子的节奏与需求一起稳步前进……这些看似与身高毫无关系的事情，都是助力儿童健康成长的关键因素。此外，掌握正确的疾病护理，避免不正确地使用抗生素，也是家长们需要注意的。

饮食调养助娃护眼

刘 静

影响近视发病的因素包括遗传因素和环境因素。病理性的遗传近视几乎无法改变，但对于多数单纯性近视患者来说，受环境因素影响最大，包括近距离用眼的时间、强度、光照、饮食和生活模式等。眼睛的睫状肌始终处于紧张状态，是造成孩子近视的最大原因。目前，最明确的有效预防近视的行为是户外运动。说到这里，家长们可以自查，是否在天气晴朗、温度舒适的时候有意识地多带孩子到户外活动，保证他们每天充足的晒太阳时间，而不是在室内玩耍或使用电子产品。

缓解视疲劳，防止近视的发生或进一步发展，除了户外运动，还要注意营养素的补充，它们是维护孩子眼睛健康的基础。

叶黄素、玉米黄素和花青素：这三种营养素都可以降低自由基对眼睛的伤害。叶黄素和玉米黄素对眼睛的"黄斑区"十分有益，它们能吸收光线中有害的紫外线和短波光，延缓视力疲劳和衰老。老年人多摄入一些这类营养素还可以预防老年性的黄斑病变。花青素则可以增加眼底的血液循环，加速眼部代谢。这三种营养素可以从小米、黄玉米、大黄米、枸杞、紫米、蛋黄等食物中获取。

维生素A：维生素A与眼睛适应明暗变化有密切关系，也有滋润眼睛、防止干涩的作用。虽然现在因为营养不良造成夜盲症的状况已不多见，但还是应该注意不均衡饮食造成的眼睛问题。家长们可以在日常饮食中为孩子增加菠菜、油菜等深绿色蔬菜，或者胡萝卜、南瓜、杧果等橙黄色蔬果，帮助孩子获取充足的维生素A。此外，蛋黄、牛奶、动物肝脏也是维生素A的丰富来源。

DHA、钙、锌：DHA俗称"脑黄金"，是一种对人体非常重要的不饱和脂肪酸，除了能帮助脑细胞发育，也是构成视网膜及其细胞膜的重要物质。眼睛中的DHA，对视神经系统的活跃性很有帮助。深海鱼类食物含有丰富的DHA。如果您担心重金属污染问题，可以适量为孩子选择一些小型深海鱼，或者亚麻籽油来补充。膳食中长期缺钙，不仅会对孩子的身高发育造成影响，也会损伤孩子的眼肌调节能力和恢复能力，加深近视度数。体内没有足量的锌，眼睛会出现弱光下视物不清的症状。牛奶、豆制品和绿叶菜是钙的主要来源，鱼肉、坚果含有丰富的锌。

小 月 饼　大 故 事

黄　璐

　　农历八月十五，恰为秋之中，故名中秋节。中秋节是以团圆、赏月为主要内容的传统佳节，曾与二月十五的花朝节相对应，并称"花朝月夕"。中秋的相关记载始见于唐代。但在当时，30多个有假期的官方节日中并没有中秋节。直到宋代，中秋得到官方认可，成为法定节日。明清时期，民间出现祭月习俗，中秋节后来居上成为我国四大传统节日之一，其地位仅次于春节。

　　从史料文献来看，自唐至宋，中秋的节令食物名为"玩月羹"——用桂圆、莲子、藕粉等为原料制成。宋代的《武林旧事》和《梦粱录》均提到过"月饼"，但这种月饼经蒸制而成，有些像包子。值得一提的是，苏东坡诗句中的"小饼如嚼月，中有酥与饴"，常被误认为是在赞美月饼。然而，这句诗出自《留别廉守》，是苏轼告别廉州太守张左藏时所作的告别诗。诗中说的"小饼"是饯别宴会上的食品，与中秋节并无关系。

　　真正意义上的中秋月饼出现于明代。田汝成在《西湖游览余志》卷二十《熙朝乐事》中说："八月十五日为之中秋，民间以月饼相遗，取团圆之义。"沈榜在《宛署杂记民风》中记载："士庶家以月造面饼相遗，大小不等，呼为月饼。市肆至以果味馅，巧名各异，有一饼值数百钱者。"此时，从南方至北方，从民间到宫廷，月饼与瓜果一起成为中秋的节令食品，其寓意在于"赏新""尝秋"。

各式月饼哪家强

明代，皇宫中的月饼相当精美。袁宏道曾在诗中写道："盘中犹折半宫花，刻凤攒龙自内家。"这说明当时宫中的月饼上刻有龙凤图案。到了清代，月饼的花样更多。史料记载，在乾隆年间，宫中有奶酥馅、香油果馅、椒盐芝麻馅、香油豆沙馅、猪油松仁果馅月饼。当时的月饼木模，有月桂、蟾蜍、玉兔、寿星、月宫、嫦娥奔月等图案。

清代，扬州、苏州的月饼也很精美。前者有绘彩的月宫饼，后者以酥皮、荤素五仁等馅闻名。《随园食单》中记载了"刘方伯月饼"和"花边月饼"的详细做法：前者为酥皮果仁荤油馅，内含松仁、核桃仁和瓜子仁；后者为酥皮猪油丁枣肉馅，外皮有菱花边。

随着生产力提升，月饼的做法越来越多，形成了不同的地域风格：有用干果果仁做的"自来红"，豌豆枣泥做的"自来白"为代表的京式月饼；有以混糖皮为特点的广式月饼；有以半球形、千层酥皮为特点的苏式月饼；还有以螺旋酥皮，馅料细腻甜酥为代表的潮式月饼。

此外，还有不少地区的月饼味道独特。如用苔菜做馅、饼皮较硬的宁式月饼；用芝麻为主料的衢式月饼；以鲜肉制成、现烤现吃的上海鲜肉月饼；无须烤制的港式冰皮月饼；以腌制野菜（苦板菜）为馅的徽式月饼；以青红丝、玫瑰、橘饼等果脯为馅料、饼皮较厚的陕西月饼；以云腿和玫瑰花为馅的滇式云腿月饼。

近年来，各种新潮月饼层出不穷。冰激凌月饼、巧克力月饼已较为常见，猫山王榴莲月饼、麻辣小龙虾月饼、拉丝月饼、爆浆巧克力脏脏月饼等融合了流行元素的创意月饼也在网络上热销。

| 月饼与团圆 |

月饼最初叫作"太饼"，而且很大，可以全家分食。明太祖第十七子朱权所著的《臞仙神隐书》说道："（八月）十五日夜……合家大小于庭前序长幼而坐，设杯盘酒食之具。乃造太饼一枚，众共食之，谓之八月求团圆。"《帝京景物略》中有"饼有径二尺者"（直径约 66 厘米）的记载。

清代，老百姓也吃这种巨型月饼。《大同县志》记载："八月初一日后，凡饼铺俱开炉做饼，名月饼……其供月之饼大至三二尺许，名团圆饼。供毕，分给家人，不及外戚，外戚别制饼遗之。"晚清的《燕京岁时记》记载："中秋月饼……大者尺余，上绘月宫蟾兔之形。有祭毕而食者，有留至除夕而食者，谓之团圆饼。"另据记载，清宫中有"径二尺许，重二十斤"的彩绘大月饼。

月饼其形状圆如月，寄托着人们祈求团圆的美好愿望。"圆"是中华民族的重要精神追求之一。从美学的角度来讲，"圆"意味着完整、周全。从"天圆地方"的宇宙观来说，"圆"为天的代称，后又延伸出太极的喻意。从词意解读，"圆"具有圆满、圆融、流动的意思。

从上古时期人们崇拜月亮，感恩其给夜晚带来光亮和慰藉，到农业社会，天子在秋分祭月，民间秋收后在仲秋祭社，都蕴含着国人对"圆"的期盼与祈求。中秋节吃月饼不仅象征生活团圆，也是巩固家族情感的纽带。家人齐聚，按长幼次序而坐，将供月的团圆饼平均分给家人。若是家人没回来，留一份给他除夕时食用。

中华民族以家族关系为基础，人们的家庭伦理观念很强，重视家族情意和血亲关系，继而形成了对和睦团圆的期盼心理。除夕的"团年"，清明的"祭祖"，重阳的"聚欢"，都体现出中国人的幸福感来自于对团圆诉求的满足。中秋节之外，人们很少吃月饼，并非因月饼不够美味，而是月饼所象征的团圆美好的寓意，必须在中秋之日才得到最为完美的体现。

八月桂子酒飘香

杨玉慧

对于"国色天香"的解释，有一种说法是"国色"指牡丹，"天香"则为桂花。故诗中有云"桂子月中落，天香云外飘。""月中有客曾分种，世上无花敢斗香。"桂花之所以深得人们喜爱，不仅仅是因为"桂""贵"谐音带来的好彩头，更是因为它香气浓郁芬芳，随风可至十里之外，但并不霸道，柔和之气丝丝缕缕，伴着微黄的花瓣落进手心，飘到肩头，可谓沁人心脾，经久不散。

桂花，也叫木犀，有金桂、银桂、丹桂、月桂等 4 个品种，花的颜色也因品种不同而呈金黄、银白等富贵色，加之"桂"与"贵"同音，所以，桂花也象征着富贵、吉祥。所以金榜题名称"折桂"，荣登榜首叫"桂冠"。

中医认为，桂花性温，可以"化痰散瘀、生津辟臭、温胃散寒"。在古代，桂花常被用来治疗"痰饮咳喘、肠风血痢、牙痛口臭、胃寒腹痛"等疾病。

现代医学对桂花进行了较为精确的分析，发现桂花的成分极为复杂，很多物质到现在依然是谜。仅香味就由几百种化学物质混合而成，可以形容为集中了木香、紫罗兰、玫瑰、铃兰花、天竺葵、柠檬、薄荷、香草、甜橙、苹果、椰子、桃子、茉莉花等上百种花香。

另外，桂树还是室内甲醛污染的"试金石"，有研究表明，甲醛会损伤桂树叶的 DNA，导致叶尖和叶子中部出现不规则斑块状损害，而且甲醛浓度越高，损害越严重。所以建议新装修的、计划要宝宝的家庭，不妨买一盆桂树盆景，既美观又实用。

自古崇尚"民以食为天"的中国人，更愿意将桂花的香气"吃进肚子里"。农历八月，暑热渐退，秋风送爽，正好是桂花绽放的季节。手捧一杯自酿的桂花酒，与亲友家人共赏明月，实为人生一大乐事。

｜自制桂花酒｜

桂花的花期有 15 天之久，而香气最浓的，当属开花的第 2～3 天，此时花粉最多，花朵里的有效成分也更丰富。

在采摘前一晚，将花瓣都淋一遍水，洗净浮尘。第二天一早，再一瓣瓣摘下。将 25 克鲜桂花放到一个可以密封的玻璃容器里，再倒上 500 克约 50 度的高度白酒，然后密封，静置，让花瓣中的成分慢慢地在酒中释放。三五年后，花香酒香融为一体。如果说刚开的桂花香气像一个肆意无忧的少女，那经过酒精的融合，花香变得从容华贵，酒香也没有了原先的浓烈，原本清亮透明的酒微微透着琥珀的光泽。小酌一口，感觉此物只应天上有。

还有一种制作起来"短平快"的"桂花酒酿"，就是做糯米酒的时候，加入桂花。将糯米泡水10小时，泡到可以捏碎的程度，然后隔水蒸至八分熟，凉凉或者用冷水冲凉，使糯米里外都降至室温（太热会杀死酒曲微生物，不容易发酵），然后均匀地拌上酒曲，装坛，撒上桂花，密封三五天即可饮用。在桂花酒中，桂花虽然是"点缀"，但是开坛的那一刻，扑鼻而来的，也尽是浓郁的桂花香气。

"桂花陈酿"的酒精含量高，小酌一杯即可，男士不超过50克，女士不要超过30克。如果不饮酒，可以以茶代酒——泡桂花茶，一样可以唇齿留香。

| 桂花酱 |

将鲜桂花采回家中，与等量的白糖混合（50克桂花放入50克白糖），拌匀后放入冰箱冷藏腌制，2小时后拿出，观察花瓣被渍透，放到不粘锅中慢火翻炒。翻炒的目的有二：一是浓缩，二是高温杀菌。这样做出来的桂花酱，无须加入任何防腐剂，就可以存放数月。做甜点、冷饮的时候，随时都可以放上一点。

桂花酱可是甜食的"万金油"。藕洗净焯熟，放上桂花酱，成为桂花藕；酸奶中放上桂花酱，成为桂花酸奶；做一点面皮，把桂花酱包里边，成为桂花饼；把各种水果打汁，点上一点桂花酱，口味也顿时丰富了起来。

值得注意的是，桂花酱含糖量比较高，可快速补充体力，但是有减肥需要者、糖尿病患者不宜多吃。这类人群想解馋的话，可以直接以桂花入食。不过未经糖渍的桂花保质期比较短，要注意防虫防霉。

| 桂花膏 |

明代著名的医书《摄生秘剖》中，就推出了一款具有营养滋补、抗疲劳作用的桂花膏方。桂花膏的主材并不是桂花，而是枸杞、桂圆等药食同源的多种食材，只因最后制成的成品中，最为突出的就是桂花香，所以依然被称为桂花膏。

现代人则更乐于将桂花膏改良为可口的甜点，以便这一尤物可以"飞入寻常百姓家"。改良后的桂花膏的做法很简单，就是把鲜桂圆、枸杞（比例为1∶1），加上适量冰糖、2倍水，大火煮10分钟，枸杞桂圆煮至软烂，关火，放凉。然后把用凉水溶解好的鱼胶粉缓缓注入煮好的枸杞桂圆中，放入桂花，缓缓搅拌均匀。然后，放入冰箱冷藏。1小时后拿出，桂花膏完全凝固成冻状，就可以吃啦。

相对于市售的甜点，这款DIY的甜点少了许多添加剂，较为健康。但是由于存在卡喉咙的风险，所以不要给3岁以下的宝宝吃！

| 桂花油 |

桂花油也称为桂花精油，是提取的桂花中的香味物质——多种挥发性的能溶于油脂的化合物。高度提纯的桂花精油外用可以提神醒脑、消除紧张情绪，缓解由于压力带来的失眠、健忘等症状，特别适合城市的年轻人使用。最新研究发现，桂花油在体外还有较强的抗氧化性，对于护肤美颜，防止老年斑也有着一定的效果。

广泛用于化妆品中的桂花油，有些是从真正的桂花中提炼而来，有的则可能是用化工合成的香精勾兑而来的。消费者首先要看价格，以桂花提炼精油，绝对不是一件容易的事，所以价低者绝不可取；其次要闻，真正的精油，味道浓醇，香气在空气中会存留很久，而化工合成的香精闻起来会有刺激性的味道，回味短。

除了以上列举种种，桂花还有许多吃法，虽然本身很难作为主材，但是这一"超级龙套"，哪怕只是作为点缀，就足以让我们沉浸在一个花香的世界里。中秋佳节，您吃着桂花饼，饮着桂花酒，遥望圆月，是否能看到天宫里有一棵被吴刚伐了千年的桂花树呢？

擂姜掷椒享醉蟹

王　璐

　　老饕的饮食之道，第一要务便是鲜，这"鲜"字里有两层含义：一指食材要新鲜，譬如入园摘果而食，驾船捕鱼而烹；二指烹饪手法、加工技巧要新鲜，即菜式新颖、风味独特。在这种定义之下，以高超技法做螃蟹佳肴，肯定会引得食客们连连称赞。

　　说到螃蟹，大约人们的第一反应是掀开铺着紫苏叶的蒸屉，露出硕大肥美鲜红的蟹壳，翻出蟹黄膏子那一刻的香飘满屋，说垂涎三尺绝不夸张。然而，这等蒸煮吃法恐怕还是平常了些。究竟何为螃蟹烹制之鲜，恐怕还是南方人更有发言权。苏州雪花蟹斗、上海醉蟹、扬州花菇醉蟹炖鸡，以及带些悠久历史的"蟹酿橙"都以鲜著称。其中又以在《舌尖上的中国》露过脸的醉蟹最为著名。

四方醉蟹各有滋味

　　醉蟹在本质上属于"糟货"，意指用酒精和酒糟腌渍食材以

237

取得独特风味的加工方式。

　　醉蟹的发源地民间默认为是江苏省兴化县中庄镇（也叫中堡镇）。这个小镇以湖泊水系纵横、水产丰美远销各地著称。每年船运湖蟹至各地的途中难免遇到风浪封江，可靠岸停船就必然引起航期延长，造成螃蟹大批死亡，经济损失惨重。有的船家便赌气将蟹扔进随船带着的甜米酒缸里，不想到港口后冒死品尝，却意外发现这"喝饱甜酒"的螃蟹鲜美不腥、蟹膏如琼浆玉液般诱人，从此中庄醉蟹名声大振。加酒腌渍起先单纯是为了延长新鲜食材，尤其是螃蟹这类易腐烂食物的保质期，后来逐渐演变成一种烹饪方式，倒比蒸煮更多出一份醇厚鲜美的味道。

　　中庄醉蟹虽有名，但也不是醉蟹的唯一产地。各地名厨老饕就地取材，根据本地口味进行创新改良，现如今中华大地上有名的醉蟹遍地开花。譬如上海的黄酒醉蟹，要先用白酒浸泡帮助螃蟹吐尽泥沙，再加黄酒、酒糟、生姜、花椒等调料封坛。再比如山东微山湖用糯米酒做的醉蟹，讲究用花雕酒、大曲酒、大葱、陈皮等调制成卤，制成的醉蟹酒香浓郁，是严冬宴席不可少的美味。还有安徽屯溪地区加了大蒜腌渍的封缸酒醉蟹，必不可少的有甜米酒、酱油、冰糖和白皮大蒜，做出来的蟹青中带黄，口味微甜，倒也颇有特色。四方醉蟹各有滋味，即便是比邻而居，那每家每户制作醉蟹也各有秘方，想来大凡傍湖而居、喜食水产的人民皆可用自家食材和调料腌渍属于自己的醉蟹味道。

蟹膏醉人　意不在酒

真正会吃螃蟹的美食家，多半迷恋那金黄中凝着红紫的蟹黄膏子，而要制出这样的蟹膏，也绝非易事。除了用好酒之外，选料、加工、封坛，每一步都至关重要。

螃蟹一定要中秋过后 10 月份出产的足膏足黄、鲜活饱满的大河蟹，尤以母蟹为佳。然后便是养蟹，选好螃蟹带回家后讲究先用大麦等粮食谷物喂养几天，公母分开，让蟹排尽体内污物，同时继续养肥。接着是搁蟹，将蟹放在没有水的容器里，干渴的环境让蟹特别渴望水分，为下一步"饮酒醉蟹"做好准备。清洗是很关键的一步，这个过程不仅能让蟹进一步吐尽泥沙，还要将蟹壳、蟹脚缝隙中的泥沙刷洗干净，清理蟹脐并刮去蟹螯上的绒毛。最后便是准备好特制的醉蟹卤，将干渴多日的螃蟹放入，只见蟹子张大嘴巴喝了个肚儿圆。这厢螃蟹已醉，那边您就预备着封缸存坛，避光避热保存，坐等美味吧。

看这繁复细致的步骤，不得不敬佩名厨的手段和吃家的耐心。想来等到开坛品尝醉蟹时，尝的早已不是那一点酒香，而是融合了酒香、姜蒜、花椒、酱油、陈皮、冰糖等调料的复合美味。更讲究的还要用上"文吃螃蟹的蟹八件"，用那些精致的蟹剪、蟹钳、长签、调羹和镊子，花费几个小时来细细品味几只肥美螃蟹，这种境界早已不只是美味的诱惑，而是"美食不如美器"的玩味之举了。

| 慎选生醉与熟醉 |

醉蟹鲜美，一来是因为蟹肉本身富含优质蛋白，口感本就软嫩，再加上各种鲜味氨基酸和钾、钙、磷等矿物质的存在，自然鲜美。而让人趋之若鹜的蟹黄，则是因为其富含胆固醇的缘故，口感颇为润滑。不过您也不用太担心，只要注意吃螃蟹的频率和食用量，偶尔尝个鲜，吃一两只并不会有太大问题。

真正需要注意的反而是传统醉蟹的制作方式。譬如上文我们讲过的腌渍过程，如果开坛直接吃称之为"生醉"，即螃蟹只经过酒渍而没有制熟；相反，如果将蟹蒸熟后再封坛酒渍，便为"熟醉"。

"生醉"的方式现在看来可能存在一定的食品安全风险。首先，整个制作过程的杀菌仅仅依靠白酒来完成，无法确保杀灭所有致病菌；其次，没有高温烹制步骤，很难消灭水产中可能存在的寄生虫。这样看来自然是"熟醉"安全系数更高一些，不过高温熟制的过程也难免影响蟹黄的口感，无法达到"生醉"那种滑润如胶泥冻，甚至"只需舌尖即可吸出所有蟹黄和蟹肉"的状态。为了健康，奉劝迷恋美味的您，生醉浅尝，切莫大嚼啊！

想来世事皆如此，极致美味与十分安全无法兼得，所以才更让无法尝到美味的人无限神往，有幸吃过的人甘之如饴、回味无穷。

中秋至，食蟹正当时

丹桂飘香，中秋已至，最令老饕食指大动、翘首期盼的美食非螃蟹莫属。如今，很多食材不分季节，全年都能买到，但这"九月团脐十月尖"的淡水蟹，却非要此时才肥美。每每读到"螯封嫩玉双双满，壳凸红脂块块香"，便似已尝到了浓郁油润的蟹黄、弹牙鲜嫩的蟹肉，闻见了清新的紫苏叶混合着辛辣的姜醋、温热的黄酒所散发出的幽香。

中医典籍记载：螃蟹具有舒筋益气、理胃消食、通经络、散诸热、散瘀血之功效。这里说的螃蟹为内陆淡水蟹。秋末冬初，少雨、多风，天气比较干燥，此时河蟹肉质软厚、味美色香，所含脂肪量少，蛋白质质优且易于消化，最适宜老人滋补身体。适量吃些河蟹还有润燥、养阴的功效。不过，脾胃虚寒的人不宜多吃。

| 大闸蟹这样选 |

选时节

蟹为水中尤物，江河湖海，港汊溪涧皆有"无肠公子"的身影。一代名医施今墨"蟹学"渊博。他把各地出产的蟹分为六等，其中前五等皆为淡水蟹。蟹之一等是湖蟹：产自阳澄湖、嘉兴湖、邵伯湖、高邮湖等；二等是江蟹，如九江蟹；三等是河蟹；四等为溪蟹；五等为沟蟹。如今，还有因《舌尖上的中国》热播而声名大振的稻田蟹等。最为广大消费者熟知的则是每一只都有"身份认证标识"的阳澄湖大闸蟹了。美食家兼文豪的苏东坡写下了"堪笑吴中馋太守，一诗换得两尖团"，字里行间满是为吃螃蟹顾不得官威的痴迷之状。从地理位置分析，苏太守以诗文换取的大抵就是大闸蟹。农历九至十月份，大闸蟹陆续上市。顾禄的《清嘉录》云："有九雌十雄之目，谓九月团脐佳，十月尖脐佳也。"大闸蟹雌蟹一般在农历九月，先进入成熟期，由轻瘦到丰满，由空虚而充实，而雄蟹则稍迟，至十月才成熟饱满。冬至节气前的100天，是吃大闸蟹的好时候。

挑品质

优质的大闸蟹都有一副"青背白肚，金爪黄毛"的俊美卖相。"青背"，是指活蟹的蟹壳为青泥色，灰中带青，青而发亮，凹凸有致，又被称为"蟹壳青"；"白肚"，是指蟹腹部的甲壳洁白，白中带青，有光泽；"金爪"，是指蟹脚最前端的尖呈金黄色，这是因为阳澄湖湖水清澈，湖底土质坚硬没有泥浆，不似普通河蟹的蟹脚是灰褐色的；"黄毛"，是指蟹脚上的毛根根竖挺、颜色金黄，普通螃蟹的茸毛是灰色的，而且很短。您还可以摸摸大闸蟹的眼睛，如果反应比较强烈，说明其活力比较强；还可以掂一掂螃蟹的重量，厚实、手感沉重的较好。把大闸蟹翻转过来，白肚朝上，看看它是不是能自己翻转过来，以判断其是否足够鲜活。大闸蟹死后细菌繁殖很快，断不可食用。

| 吃螃蟹的搭配 |

配姜醋

螃蟹的黄金搭档首推姜醋汁。《红楼梦》里的贾宝玉说："持螯更喜桂阴凉，泼醋擂姜兴欲狂。"醋能去腥，而且能消食开胃，姜能升阳散寒，所以姜醋汁是吃蒸螃蟹的绝配。江南人还喜欢在姜醋汁里头加一点白糖，增加蟹的鲜味。

蘸橙子酱

古诗有云："霜柑糖蟹新醅美，醉觉人生万事非。"唐朝人吃螃蟹，蘸的不是姜醋汁，而是一种橙子酱：把新鲜的橙子肉挖出来，加上盐粒，捣成泥，叫作"橙齑"。古人吃生鱼片也是蘸这种酱。橙子的香味不仅可以去腥，而且酸甜适中的口感可增鲜。螃蟹上市的时候，也正是橙子落果的时节，您不妨做来试试古人的口味。

佐酒

李白《月下独酌》说，"蟹螯即金液，糟丘是蓬莱。且须饮美酒，乘月醉高台。"可见食蟹配酒的风俗古今皆同。螃蟹味道鲜美，但按照中医的性味归经来看，有些性寒，所以吃螃蟹，可以适量喝些具有活血祛寒功效的黄酒、桂花酒、菊花酒，其中以花雕为佐蟹佳品，温热饮用，效果更佳。

| 吃蟹有禁忌 |

螃蟹有 4 个部位不能吃。

1. 蟹胃。打开蟹壳，蟹胃在蟹壳的居中位置，藏在蟹黄里。蟹胃中有很多泥沙，不建议食用。

2. 蟹鳃。打开蟹壳后，蟹身上两排灰色像羽毛一样的组织就是蟹鳃，是螃蟹的呼吸系统。螃蟹用蟹鳃过滤湖水，所以鳃里会有一些泥沙，不能食用。

3. 蟹心。蟹心是一个白色的六角形，位于蟹身的中央，藏在蟹黄或黑膜下面。中医认为蟹心大寒，不堪食用。

4. 蟹肠。蟹肠在螃蟹下腹部，也就是可以掰开的腹壳内。打开尖脐或团脐的那块腹壳，可以看到有条连接到蟹身的黑线，就是蟹肠了。蟹肠里满是泥沙，也不能吃。

| 螃蟹怎么做 |

民间俗语说："一盘蟹，顶桌菜。"除了传统的蒸制，古人对蟹菜的研究已至登峰造极的地步。清朝美食菜谱《调鼎集》中，收录的"蟹料理"足有 47 种之多。用酒蒸螃蟹，紫苏煮螃蟹，

糟卤醉螃蟹，都不算什么。就连蟹壳，都能折腾出个费工、费时却颇具文学美学意象的蟹斗：把蒸熟的蟹壳分离出来，放上蟹黄、蟹膏、蟹肉，加上打得松散软糯的蛋白糊，点缀些火腿粒、芹菜叶，加上鸡汤蒸制，出锅淋薄芡，外观隽永瑰丽，味道鲜美至极。秃黄油则更是一道堪称"丧心病狂"的螃蟹菜。螃蟹只取蟹黄和蟹膏，一起用猪油低温翻炒，加入切得极细的姜末和紫苏末，最后再加入糖、盐和鸡汤收汁，浇在新出锅的雪白粳米饭上，奢华至极。我们在家制作蟹菜，不必如此烦琐，随便将螃蟹劈成几瓣下锅，配以开胃的香辣作料，管保您食欲大振。

香辣蟹

材料：螃蟹 6 只。

配料：葱花 10 克，蒜末 10 克，花椒 2 克，干红辣椒 3 个，生姜 5 片，料酒、酱油、水淀粉适量。

做法：螃蟹宰杀后洗净沥干，剁成两半；锅置火上，油烧至六成热，倒入花椒、干红辣椒、生姜、蒜末爆炒出香，下入剁好的螃蟹翻炒；至螃蟹变色后，加入料酒、酱油和适量水淀粉，加盖小火焖 5～10 分钟；出锅前撒上葱花即可。

烹饪技巧：中秋节前后的螃蟹最为肥美，蟹膏量多味浓。宰蟹之前，最好能将螃蟹泡在白酒里，先让它喝点烈酒。这样处理过的蟹肉带点酒香，宰杀时也较容易处理。

九月初九话养生

农历九月初九日，为"重阳"节。"重"者，《博雅》解为"再也"。但古之"重阳"并非只有"九月初九"这一天。古人认为一、三、五、七、九等奇数为阳数，阳数重叠的日子，都属于"重阳"之日：如一月一日的元旦（注：古时，元旦为农历正月初一），三月三日的上巳节，五月五日的端午节，七月七日的七夕节，以及九月九日的重阳节。随着时间的变化，"重阳"一词才渐渐地狭义化，单指农历九月九日，也就是我们现在所说的"重阳节"。

从气候学来看，重阳节在阳气逐渐衰减的暮秋之时，气温明显转凉，寒风起、秋叶落，自古被视为寒气即将到来的时间，又被称为"重阳信"。《清嘉录》说："重阳将至，盲雨满城，凉风四起，亭皋落叶，陇首飞云。"《荆楚岁时记》载："重阳常有疏风冷雨。"民间俗语也说得颇有趣："九月九，蚊虫叮石臼。"这里是说重阳时，气温低到连蚊虫的活跃度也大大降低，傻乎乎

246

地不叮人而去叮死物了。

传统医学认为，除自然气候温度的"阳气"外，人体内阳气即先天之本的肾阳是否充足，对我们的健康影响更大。当一个人肾阳亏虚，身体寒凉时，就仿佛身体里的太阳被乌云遮住，且连下好几场雨，心理自然会或多或少有些阴郁，情绪低落，甚至出现灰暗消极的想法。秋冬交替之际，建议您适当增加衣服，保持温暖，不要着凉受寒。尤其要保护好后腰，建议穿毛背心或高腰裤，避免短款着装。如果后腰触手冰凉，说明肾寒气大，可用艾熏、按摩等理疗方式排出寒邪。

人体头为阳，脚为阴，所以头不怕冷，而脚需要保暖。从现代科学来说，头发可以起到保暖作用，脚距离心脏较远，身体末肢的血液循环往往不是非常充盈，本身就容易发凉，再加上接触远低于体温的地面，会加速热量流失，需要用鞋袜妥善包裹，才能维持体温于适宜的范围。因而，重阳之际，老年人更要注意脚部保暖，在舒适的前提下，鞋底不妨稍厚一些；睡前用温水泡泡脚。水温不用太烫，无须泡到头上冒汗，觉得身上暖和即可，有利于疏通经络。

有人可能会问，不是说"春捂秋冻"吗？怎么又说秋季要注意保暖了。事实上"秋冻"也是有时间限制的，仅适合初秋。当日间气温低于15℃时还不添衣，健康的年轻人也不见得能招架得住。有心脑血管病史、体质虚弱的中老年人，更要注意及时添衣。您日常起居、外出秋游时，应密切关注气候变化，充分做好防寒准备。

重阳时节草木枯黄、落叶纷纷、秋雨漫漫，很容易让人触景伤情地"悲秋"，进而产生抑郁的情绪。从五行来说，四季中秋为金，七情中悲为金，笑为喜，喜属火，火克金，故多看些娱乐节目，多听相声，多看喜剧，经常大笑可消除悲秋情绪带来的负面影响。从食疗养生来说，此时还可喝些茯苓养生药酒（药方：茯苓60克、大枣20枚、当归12克、枸杞12克、白酒2 500克，泡半个月），每天喝一小杯即可。暮秋时，人的气血运行缓慢但心包经活跃，可以借助心包经的温煦能力将养生药酒的药效和活血功效最大化。同时，心包经主喜乐，可以将喜悦、欢乐的情绪传达到四肢百骸。

古时，居住条件与医疗条件相对落后，很多人难以适应重阳时节的气候变化而染病。因天地之气在重阳交接，天气下降，地气上升，人们很容易接触到不正之气，所以需要登高避之。另一方面，九九重阳意味着阳数极盛，盛到再也无法上升之时，至此开始衰落，因此九月九并不是什么良辰佳日，而是个灾日、恶节。古人认为换个空间，"避开"日常熟悉的生活环境，则可"辟邪"。

古人在暮秋时节登高远望，心怀敬畏，悲叹苍茫大地生机即将衰败的同时，也经历了心情从谷底反弹的过程，生发出对未来生活的期盼以及对家庭成员的美好祝福。《荆楚岁时记》说："九月九日，四民并藉野饮宴。按：杜公瞻云：'九月九日宴会，未知起于何代。'然自汉至宋未改。今北人亦重此节。佩茱萸，食饵，饮菊花酒，云令人长寿。近代皆宴设于台榭。"

事实上，重阳节俗的起源是多重的。在漫长的历史长河中，中华民族的天地观念、农业生产习俗，层层积累和交融，民风民俗逐渐改变。随着时代的变迁，人们过重阳节的重点从避凶转变为祈求长寿，并逐渐赋予了重阳 "敬老爱老"的功能。

中国的传统节日往往是以家庭为单位，阖家共享，久而久之，就有些"小团圆"的意味在里面。都说"陪伴"才是"最长情"，除了和爱人耳鬓厮磨，对孩子宠爱呵护，逢此佳节，您是否也可以陪父母赏赏枫叶黄花？

九月九，唯愿您全家团圆，长长久久。

应时而食益长寿

杨玉慧

老祖宗的饮食养生之道很有讲究。古时候没有大棚，没有化肥农药，古人吃的都是纯天然食物，当季什么成熟就吃什么。也许，正是因为能够适应"天道"，人类才在上万年的进化中，繁衍生息，爬到食物链的顶端，成为地球的主宰。重阳之时，是四季中物产最为丰富的季节，有益长寿的食材非常多。咱们一起来看看，吃些什么有益延寿。

｜好消化的海鲜有营养｜

据研究分析，日本人的平均寿命连续 20 年高居世界第一，跟他们多吃海鲜有一定关系。而海鲜给人提供的营养，也的确是其他肉类所不能比拟的。

首先，海鲜中富含优质蛋白，相较于猪牛羊等红肉，其蛋白质分子更小，更容易被人体消化吸收，更适合肠胃功能较弱的老年人食用。

其次，海鲜中所含的ω-3系列多不饱和脂肪酸多。畜肉中含有较多的饱和脂肪酸，会导致肥胖，也容易沉积到血管壁。无节制地多食是目前我国慢性病高发的因素之一。鱼虾中含有的ω-3系列多不饱和脂肪酸，能帮助"清洁"血液中游离的脂肪酸，软化血管。

第三，海鲜中的微量元素也很丰富。水流千遭归大海，地球上几乎所有的营养素，都可以在海洋生物的体内找到痕迹。在中华人民共和国成立初期的流行病学研究中，沿海人民的"大脖子病"（缺碘导致）明显低于内地，说明海产品中的碘含量是可以满足人体需求的。而后来的研究逐步发现，海鲜中的矿物质成分也普遍高于其他肉制品。

秋季是海鲜最肥美的时候，鱼虾有籽、蟹有膏，营养丰富，肉质好。大部分海鲜都可以直接上锅蒸，做法极其简单，是真正少油少盐的健康饮食。如果趁热吃，肉都是甜的。对于老年人来说，吃海鲜讲究"新鲜""清淡"。海鲜肉质鲜美、营养丰富，而且浑身湿润润、水灵灵的。不过，它们一旦失去活性，便会成为微生物的"繁殖天堂"，所以要"活买熟吃"——买的时候要保证是活的，吃的时候一定要加热做熟。也正是因为要保住这个"鲜"，烹调方式应采取清蒸、水煮，避免过多使用油、盐。

瓜果飘香抗衰老

"一天一苹果，医生远离我。"水果的重要性是全世界公认的。水果中含有丰富的"营养小功臣"，它们是维生素 C、膳食纤维，以及各种植物化学物质，如花青素、胡萝卜素，以及一些芳香物质等。越来越多的现代研究证明了上述植物化学物质具有抗氧化、防癌和防衰老作用。如果您想追求长寿，就一定要多吃水果。就连啃咬水果的动作都有益于健康——这是对咱们口腔进行的有效锻炼。有的老人牙口差，可以把水果切成小块食用。但是，您在可以咀嚼的情况下，没必要把水果打成汁喝。因为水果细胞一旦破裂，立刻就会氧化而降低营养价值，苹果一旦打汁就成为褐色（专业名词叫褐变），就是例证。虽然我们可以通过加柠檬汁等方法避免褐变，但总不如直接啃咬吸收的营养充分。水果含糖量不低，建议您在两餐之间吃，且不要过量，每天 250 克即可。

重阳时节瓜果飘香，柿子、柑橘、猕猴桃等都新鲜可口。您不妨选几样自己爱吃的品尝。秋梨甘甜多汁，洗净置于碗中，挖去核，填上冰糖，上锅蒸，半小时以后，梨软了，糖化了，将其切成小块，连汤吃下。这款冰糖炖梨不仅仅味道好，还中和了梨的寒性，具有一定的润肺止咳功效。

酸酸的山楂有助于消化，含有丰富的果胶（可溶性的膳食纤维），有利于肠道益生菌的生长，还可降低体内胆固醇，增强血管弹性，缓解动脉硬化。山楂的吃法有很多，市场上能买到的山楂糕、山楂酱以及果丹皮等山楂制品，会为了丰富口味加入大量糖分，不建议过多食用。其实，自己在家制作美味的山楂糕并不费事：把山楂洗净去核；炒锅里放水烧开；把处理好的山楂倒进去，小火熬至黏稠，拿出来放冰箱冷藏。吃的时候加点蜂蜜，拌匀即可。

|吃够蔬菜抗慢病|

新鲜蔬菜是我国传统膳食的重要组成部分，也是《中国居民膳食指南》中排名仅次于主食的食物。蔬菜的水分多、能量低，所含多种有益物质能保持肠道正常功能，提高免疫力，降低肥胖、糖尿病、高血压等慢性疾病患病风险。每类蔬菜的营养特点各不相同。如嫩茎、叶菜、花菜类蔬菜，是胡萝卜素、维生素 C、维生素 B_2、矿物质，及膳食纤维的良好来源。深色蔬菜的胡萝卜素、核黄素和维生素 C 含量较高，且含有较多的植物化学物质。十字花科蔬菜含有芳香性异硫氰酸酯，它是以糖苷形式存在的抑制癌细胞的成分。菌藻类蔬菜含有蛋白质、多糖，以及铁、锌、硒等矿物质。吃蔬菜要"量够样多"，每天吃够 500 克。

重阳当令的蔬菜有很多，尤其是多种滋阴润肺功效的"白色蔬菜"，如莲藕、茭白、小白菜、白萝卜等。有时候想想，莲藕的品性像极了君子，不管水面上的盛日荷花多么引人瞩目，莲藕却自顾深埋在地下，静静地吸取营养，提高自己的价值。待到秋色残凋，小荷风光不再，莲藕却已长成。这份低调与安然，与祖国传统医学称莲藕可以"凉血补血，健脾安神"的功效不谋而合——神安自然长寿。要提醒您的是，莲藕是根茎类的蔬菜，含有较多的淀粉，"糖友们"如果吃了莲藕菜，应适当减少主食的摄入。

北方人喜欢吃"炸藕盒"，把藕切片，夹上肉馅，裹上面糊，下油锅炸到外焦里嫩，吃起来那叫一个香！但对于上了岁数的老年人来讲，偶尔吃一两个解解馋可以，切忌过量。正所谓"藕本清香，何须油炸"。做法清淡，才能尝到莲藕本身的鲜味。莲藕的吃法很多，清炒、做汤，既可以做主菜，也可以做配菜，还能当主食。

重阳佳节，家人团聚，你不妨为餐桌添几道"时令重阳餐"：清蒸蟹、白灼虾、桂花藕、冰糖梨、山楂汁，既饱口福，又利健康。

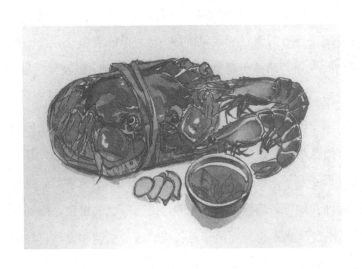

天 高 气 爽 蒸 食 暖

陈培毅

金秋九月，饭馆里最应景的菜，就要数用大盆大碗或是蒸笼作为盛具的"五谷丰登"了——将各种应季食材隔水蒸熟，配点白糖端上餐桌，满是热乎乎的甜香。

营养师之间常常开玩笑说，《西游记》里的妖精吃得最健康了。每次抓到唐僧，都一定要"蒸"来吃，原汁原味，有益身心。玩笑归玩笑，但蒸菜确实有很好的养生功效——烹饪温度始终保持在100℃以下，食物的分子结构破坏较少，能够最大限度地保留营养，也不产生有害成分。

"五谷丰登"里，无论是颜色鲜亮的红薯、玉米、南瓜，还是外表淳朴的山药、土豆与花生，都是这个季节收获的最新鲜的食材。古人说"不时不食"，蒸食这些应季食材，都有哪些好处呢？

｜玉米：一定要啃干净｜

小时候，啃个玉米棒子，要是啃不干净，肯定会被妈妈骂。

所以我习惯了啃玉米就啃得干干净净，因此曾被人笑话"死抠门"。但恰恰玉米芯上的"小渣渣"，是玉米粒中营养价值最高的玉米胚芽，有丰富的维生素E、脂肪酸、蛋白质。精华都在胚芽里，您啃玉米会不会"抠门儿"呢？

糯玉米，其中的支链淀粉含量相对来说比较高，吃起来黏黏糯糯，比较容易被消化，但很容易升高血糖，高血糖人士不宜多吃。

甜玉米，因为水溶性糖的含量相对比较高，吃起来又甜又嫩，具有浓郁的玉米香味，且相对于糯玉米而言"不费牙"，是很多老人和孩子的最爱。但因其含糖量高达10%～15%，相当于普通玉米的2.5倍，所以应控制食用量。

彩色玉米，是糯玉米的一种，甜糯味美，可是很多人不敢吃，说是转基因玉米。这可得纠正一下。小时候干过农活的，读过自然科学读本的，应该都知道"嫁接"这个词，其实就是"杂交"。彩色玉米属于杂交品种，红色的是胡萝卜素，紫色的是花青素，营养价值比普通玉米高很多。

玉米笋，不是笋，是甜玉米细小幼嫩的果穗，去掉苞叶及发丝，再切掉穗梗，就是玉米笋了。我们吃甜玉米是只吃玉米粒，不吃玉米芯，但吃玉米笋则是照单全收。我小时候，只见过罐头装的玉米笋。外出到饭馆就餐，有的菜品里会作为配菜，给上那么一两根。家长自然是紧着我们这些娃娃来吃。玉米笋营养丰富，吃起来脆甜可口，是不可多得的营养蔬菜。

| 南瓜：好吃管饱 |

小时候看见的南瓜，都是那种圆圆的、长得像磨盘一样的大南瓜。其实，南瓜的长相非常多样，长的、短的、圆的都有。虽然形状各异，但所含的营养价值却都差不多。南瓜富含蛋白质、维生素、矿物质，还含有钙质和纤维素、色氨酸-P 等，可预防肥胖、糖尿病、高血压和高胆固醇血症。南瓜里碳水化合物的含量很低。糖尿病人可以用南瓜来代替一部分主食。怎么代替呢？250克南瓜代替 50 克馒头，就是说您这顿饭要是少吃 50 克馒头，能多吃 250 克南瓜。怎么样？您不会发愁挨饿了吧！

还有一种瓜，外形跟南瓜长得很像，只是个头比较小，吃起来也有点不同，蒸熟之后用筷子搅一搅，就能把瓜瓤分离成一根根 2 毫米粗细的金黄色的细丝——这种瓜叫作金瓜，也叫搅瓜。从属性分类看，它更接近于西葫芦。它含有丰富的果胶，可以保护胃肠道黏膜，帮助食物在肠道蠕动，促进溃疡愈合。

南瓜籽也是好东西。每天吃 30 克生南瓜子，就能帮助驱除肠道寄生虫。

| 土豆："三高"人群的好食材 |

土豆里面所含有的营养物质，可是不得了！首先，它含有丰富的钾。高血压患者都知道，钾对维持血压稳定起着至关重要的作用。缺钾会导致血糖升高，诱发糖尿病。每百克土豆中的钾含量是 342 毫克，而含钠量仅仅为 2.7 毫克。所以，土豆是三高人群最好的食材。

您可能会担心，土豆里的淀粉高，吃土豆会胖吧？事实上，米饭里的碳水化合物含量为 26%，馒头里的碳水化合物是 44%，而土豆，只有 17%。要是把晚饭的馒头换成其 3 倍重量的土豆，并且采用低油的烹饪手法，不仅管饱还能减肥。重点是：不炒不炸，一定要蒸！

给您介绍个小口诀：蒸土豆，代主食，3 倍重，能减肥。

当然，土豆里面还有丰富的维生素 C。只要烹饪方法正确，土豆里的维生素 C 差不多都能够保留下来。土豆里含有大量的淀粉，淀粉的谷胱甘肽也能帮助维生素 C 免受部分高温的氧化。所以，蒸土豆的维生素 C 含量能保有 80% 左右。

| 山药：美容佳品 |

据说，宋美龄晚年一直坚持喝的美龄粥，主料用的就是山药。豆浆、山药、糯米、粳米、干百合、枸杞放在一起煮粥，粥煮好了放凉再加一勺蜂蜜。浓浓的豆浆、糯米的香滑、山药的软糯，营养丰富，确实是美容养生的佳品。

山药，味甘，性平，对脾、肺、肾经有益。医学研究发现：山药含有皂苷，有润滑、滋润的作用，还含有淀粉酶、多酚氧化酶等物质，有利于脾胃的吸收功能，是一味平补脾胃，药食两用的优秀食材。不论脾阳亏或胃阴虚，皆可食用。山药所含的能够分解淀粉的淀粉糖化酶，是萝卜中含量的 3 倍。我们常常说用萝卜能够行气，其实山药健脾的作用更好。胃胀时食用些山药，有促进消化的作用。

买山药的时候，我们往往会搞不清楚"怀山药"和"淮山药"的区别。淮山药，是指的江苏、安徽出产的山药。中药房里用的山药，叫作"怀山药"，要求产地是河南焦作温县。因为在古代，这里是怀庆府。怀庆府当年出产四大怀药：怀山药、怀牛膝、怀地黄、怀菊花。怀山药又分为沙土怀山药和垆土怀山药，沙土的土质比较松，所以山药长得就比较直；垆土的土质比较硬，山药就长得有点儿弯弯曲曲。怀山药很好熟，7 分钟就可以完全蒸熟。但普通山药需要的烹饪时间要长一些，得 20 来分钟才行。

除了以上这些食材，您要是想在家自己制作"五谷丰登"，还可以放些红枣、藜麦、胡萝卜、莲藕、茄子，等等。

 温暖迎春

至 味 下 酒 菜

李 娜

随春节而至的是难得的家人团圆、亲朋聚会的宝贵时光。无论是自己在家煎炒烹炸，还是去饭馆吃现成的，都少不了要喝些酒助兴——"无酒不成席"。这推杯换盏既可助大家聊得尽兴、吃得开心，微醺耳热间能够更亲更近，也是主人家待客的一种礼数，对亲友的一份情谊。

一桌筵席，酒菜（下酒菜）和饭菜（下饭菜）是有着明显区分的。喝酒所配的菜，虽然要有滋味，却万万不可咸得齁死人，又或是辣到惨绝人寰，直教人口鼻生烟，夺了各色酒品清冽、微辣、回甘的味道，以及或绵软或硬朗的口感，白白糟蹋了粮食精华和酿酒所耗的艰辛人力。

下酒菜需要的是耐嚼，是饮酒者用来"填空"的，填充两杯之间、对话交谈之间、硬菜上桌间隙的空当，是用来给牙齿打发无聊时光的。很多不饮酒的人无法理解，为什么放着"好菜""贵菜"不点，喝酒人士偏偏只爱烤板筋、牛肉干、鸭脖子、螺蛳、羊蝎子这类"不上档次"的便宜吃食。浅浅地抿一小口酒，然后用牙齿轻巧地将肉撕下，不慌不忙，不疾不徐，细致咀嚼，慢慢咽下，让浓厚和油润抚平舌、口、食道、胃刚刚被香醇"烫"出的烟火气息。爽，进阶成了美。

下酒菜是小而精巧的。盐水简单煮成的"花毛一体"（花生、毛豆装在一个盘子里）能够风靡大江南北，凉拌豆腐丝、红油猪耳朵则位列各种版本的下酒秘籍之中。究其原因，不外乎这些细碎、体积不大的食物"禁吃"。女性朋友连主食、汤、水果都吃完的时候，往往还惊诧于自己的先生依然在慢饮清谈。其实，她们不知道这是下酒菜所施展的一个小魔法——一口酒，一片薄如纸片的猪耳；一口酒，一粒咸香软烂的煮花生；一口酒，一根韧性十足的豆腐丝，时光就一点一点地过去了。若换做是米饭配炖肉，五分钟就可结束战斗。

下酒菜有时也需是暖暖的。薛姨妈劝宝玉说："酒，最怕吃冷的。"其中不乏现代营养学道理。温度较低的食物或饮品，进入人体后可加速肠胃蠕动，再加上酒精本来就有一些负面作用，会让人或多或少感到不舒服。水汽蒸腾的涮羊肉，蓝莹莹的小火苗一直加温的"筋头巴脑"，新出锅的肚大、白胖的猪肉茴香馅儿的饺子——丰腴的蛋白质和甜美的碳水化合物在高温的作用下，给人的消化道穿上一层保护装，食后能有效缓解酒精的刺激，让饮酒者感到通体舒畅。

下酒菜之至味，是饮酒者才能体会到的奥妙，是碰杯之后唇舌咂摸出的欢愉体验，是玩味无穷、无关贵贱的味觉享受。当然，无论是出于健康的考虑，还是要避免醉酒后失德，饮酒都需适量，且动辄牛饮也毫无情趣可言。《礼记》有言"酒食所以合欢也"——不强行劝酒，饮酒适度才可添喜增乐，为筵席点睛。您说，是吧？

屠苏、椒柏喜迎春

谭昭麟

宋人戴复古《除夜》诗云："万物迎春送残腊，一年结局在今宵。"除夕之夜，是家家欢聚、户户团圆的重大节日。此时此刻，无论是羁旅远方的游子，还是坎壈缠身的失意人，抑或车马轻裘的得意者，都要回到亲人身边，借助一席丰盛的年夜饭欢聚一堂，共叙天伦，为彼此送上祝福。

既然是一年到头最重要的一顿饭，酒自然是必不可少的。《红楼梦》里，贾府过除夕摆的年夜饭，叫合欢宴。宴上的重头戏，是献屠苏酒、合欢汤、吉祥果和如意糕。其中，合欢汤、吉祥果、如意糕，都是带有吉祥寓意的特色饮馔。那屠苏酒是什么，它又有什么特殊的涵义呢？

王安石的《元日》诗云："爆竹声中一岁除，春风送暖入屠苏。"陆游在《除夜雪》中也写道："半盏屠苏犹未举，灯前小草写桃符。" 古人在辞旧迎新的除夕之夜，总要饮屠苏酒。所谓屠苏酒，就是用中药制成的药酒，用药主要包括大黄、花椒、白术、肉桂等，有驱疾避疫、祈求健康等作用。这种屠苏酒饮起来与其他酒的规矩不同。按照中华民族尊老爱幼的传统，饮酒都是从年长者饮起，老年人喝了，年轻人才能喝。而屠苏酒却是从年少者开始饮起。苏辙诗云："年年最后饮屠苏，不觉年来七十余。"

南朝梁宗懔在《荆楚岁时记》中解释道："岁饮屠苏，先幼后长，为幼者贺岁，长者祝寿。"原来，古人寿命短，幼者长了一岁自然值得庆贺，而对老者而言，每增一岁，就多一分悲凉。容颜易老，韶华易逝，个中况味，我们每个人都有所体会。因而，年夜饭饮屠苏酒，就形成了这种先幼后长的奇特风俗。

苏轼就在《除夜野宿常州城外二首》中旷达地写道："但把穷愁博长健，不辞最后饮屠苏。"当时，苏轼因反对王安石变法，左迁杭州通判，远离朝廷已经 3 年。熙宁六年岁末，苏轼奉旨往常州赈灾，当年除夕之夜就住在常州城外的一叶孤舟之上。在这阖家团圆的日子里，仕途上的蹭蹬，旅途中的孤寂，一时间都向失意的诗人袭来。然而，生性乐观豁达的苏轼还是从困顿中找寻到了希望：纵然此刻穷困潦倒，但身体长健，做最后一个饮屠苏酒的人又有什么不好？

同样是屠苏酒，苏轼饮得达观，而文天祥则饮得悲怆。"乾坤空落落，岁月去堂堂。末路惊风雨，穷边饱雪霜。命随年欲尽，身与世俱忘。无复屠苏梦，挑灯夜未央。"这是文天祥在狱中写下的《除夜》。时值至元十八年除夕，文天祥已在大都关押了整整 3 年，面对忽必烈的软硬兼施，他始终坚贞不屈。在这首诗中，

266

文天祥不再抒发"臣心一片磁针石，不指南方不肯休"的坚定之情，也不再高呼"人生自古谁无死，留取丹心照汗青"的铁血口号，体现的只有英雄末路的凄凉，甚至对温暖人世的一丝眷恋。"无复屠苏梦，挑灯夜未央。"文天祥在临刑前所想的，也不过是再与家人一起，在除夕之夜共饮屠苏、挑灯守岁。然而，这瞬息之间流露出的铁汉柔情，丝毫无损诗人的伟岸人格，反而让我们窥见了一个有血有肉、更为真实的英雄。他英勇就义，决非是了无挂碍下的一心赴死，而是在对平凡生活的无限渴望中，毅然选择了舍生取义。

宋人爱饮屠苏，而唐人在除夕夜似乎更加偏爱另一种酒——椒柏酒。所谓椒柏酒，就是用花椒或柏枝浸泡的酒，取的也是辟邪除疫之意。晋人刘臻的妻子陈氏是位才女，曾在过年时写过一篇《椒花颂》，后来《椒花颂》就成为庆贺新春的典故。正如诗圣杜甫在《杜位宅守岁》中写道："守岁阿戎家，椒盘已颂花。盍簪喧枥马，列炬散林鸦。四十明朝过，飞腾暮景斜。谁能更拘束，烂醉是生涯。"

这是天宝十年杜甫在族弟杜位家度过的一个除夕之夜。5 年前，杜甫怀揣着修齐治平的崇高理想，来到长安，放出"致君尧舜上，再使风俗淳"的豪言壮语。如今，诗人四处奔走干谒，却到处碰壁，青冥垂翅，壮志难酬。族弟杜位位高权重，除夕之夜来他家拜访的人络绎不绝，来宾们的骏马在马槽间喧闹，点燃的庭燎惊散了树林里的乌鸦。眼看明天，40 岁就要过完了，而自己依然是一介布衣，身无长物，前途一片迷茫。是该和这些趋炎附势的人一样，在权贵面前摧眉折腰，还是不向现实妥协，继续独善其身，落魄江湖？纠结之后，杜甫对自己说："谁能更拘束，烂醉是生涯。"这不是消极，也并非颓废，更像是一种愤懑，一种自嘲，一种与黑暗现实划清界限的方式。在一片推杯换盏声中，身陷中年危机的杜甫就这样把自己灌成烂醉。只不过，未来的诗圣还不知道，大唐帝国已经在这朱门酒肉的臭味中走到了崩溃的边缘，他一生的颠沛流离才刚刚开始。

杜甫的这杯椒酒饮得苦涩，而同为唐朝诗人的孟浩然的这杯柏酒饮得却挺滋润。"畴昔通家好，相知无间然。续明催画烛，守岁接长筵。旧曲梅花唱，新正柏酒传。客行随处乐，不见度年年。"这首诗的名字叫《岁除夜会乐城张少府宅》。孟浩然与张少府是通家之好，在羁旅他乡之际偶遇自己的同乡兼发小，难道不是人生最大的喜事？于是，画烛燃起来，长筵摆起来，梅花曲唱起来，柏酒喝起来。有红袖侑酒，翠眉助兴，孟浩然的这顿年夜饭变成了一场彻夜狂欢的跨年派对。孟浩然是山水田园诗人，诗风清新自然，极少有烟火气，而这首诗却一反常态，全篇充斥着艳丽的色彩和喧嚣的声音。这还是那个写下"鹿门月照开烟树，忽到庞公栖隐处"的孟浩然吗？

或许，是旅居异地的孤寂在忽然之间让诗人对人间烟火产生了亲近感，又或许，只是与暌违已久的故人之间的久别重逢，让诗人喜出望外。总之，我们应该感谢那杯柏酒，让常年漂泊的孟浩然终于可以卸下一身的疲惫，得到短暂的欢愉。"客行随处乐，不见度年年。"这片刻的纵情，对一个羁旅他乡的游子来说，是多么弥足珍贵。

除夕之夜，让我们同古人一起举起酒杯，品味人生的苦辣酸甜。余生无论悲喜，愿我们都能从容不迫地面对。

炸 物 的 新 生

黄 璐

炸物的诱惑是简单、直接、纯粹的。食材无论荤素，以油脂包裹，在高温的作用下快速熟化，由于表面温度迅速升高，水分汽化，形成一层脆脆的薄壳将食物整个包裹了起来，其内部所含的水分会变成蒸汽"逃走"，油脂迅速占领阵地，令食物更加丰润。这就是所谓"外酥内嫩""香脆多汁""不柴"等口感的由来。

炸物是很讨喜的，全家老少没有人不喜欢。油炸红糖糍粑是娃娃们的最爱，笑盈盈的嘴角挂满褐红色的糖汁；老人牙口不好，酥到骨头都能一并吞下的干炸小黄鱼最受他们欢迎；至于配酒嘛，炸仔鸡、椒盐软炸虾仁、小酥肉、炸素丸子、糖醋脆皮豆腐、炸虾片都能令饮酒者如梦如痴，不知是醉倒在杯中物，还是沉迷于炸物那金黄色的外表、酥脆的口感，还有那一口咬下响起的迷人"咔啦"声里。

炸物是自带"3D 环绕声效"的诱惑美食。英国利兹大学马尔科姆·博维曾利用麦克风、分析软件和一大堆脆脆的炸物做了个试验。结果发现：食物的口感越是松脆，人咬下食物时发出的声响越大，食物就越诱人。也就是说，炸物好吃与否，在牙齿接触酥壳的一瞬间就已经决定了。食物所发出的声音和色香味是同等重要的。

炸物为什么好吃呢？简单来说，油炸的烹饪方式是个交换过程。一方面是能量交换，也就是热交换：温度较高的油将热量传导给温度较低的被炸食物，炸物吸收热量渐渐升温，淀粉得以完成糊化，蛋白质得以完成变性。食物从生到熟，其分子结构发生了变化，获得了全新的色泽、香气、味道、声音，也从此获得了新生。

另一方面，油炸也是个物质交换过程：借着温度不断攀升的东风，食物外部的油脂分子以及内部水分子，都积极参与布朗运动（食材内部微小粒子的无规则运动）。它们以食物表面作为城墙，油脂分子想要进入食物内部组织结构中，而食物中的水分子吸收了热量，一边挣脱了缔合彼此的氢键，一边发现食物内部居住空间有限，纷纷往外跑，拼命想突破"城墙"到食物外部去。因此，"围城"大戏在小小的油锅里上演了。油炸前食物中水分的"自留地"，在油炸后被油脂占据了，而突围成功的水分子则从液态变成了气态，从油锅里的"小泡泡"最终飘散至厨房的空气里。

在油炸的过程中，人们需要控制的是时间和温度，让炸物的水分和油分达到最佳口感的平衡。对于家庭烹饪而言，在没有温度计、温控装置的情况下，通常判断油温的方法是：用一根没水的筷子，垂直插在油锅正中间，如果筷子周围不停冒出一些"小泡泡"，就说明油温适合了。当然，您也可以扔进油锅一小片葱叶，只要看到蔬菜周围冒出密集的气泡即可。

油炸时，最好在锅中架个滤油篮（市场、超市、网店均能买到）或大漏勺。炸好的食材会变酥变脆，将其放入滤油篮炸制，能更方便地取出来。热锅热油，将裹粉的食材轻投进去即可；而挂糊的食材，最好用筷子夹着，触到油面后，边往下放、边轻晃几下，便于食物快速结壳。放好食物后，不要晃动滤油篮，以防破坏食物的结壳过程。等到大量气泡夹裹着水汽涌出后，再轻轻晃动滤油篮，便于内部食材受热均匀。根据食材大小以及所放油量，炸制 2～5 分钟，等食材变熟、定型后，可捞出控油。此时，余温会继续发挥作用，发散食物内部的水汽。这个时候如果趁热吃，炸物的口感很好。但若是等上一会儿，剩余的水汽就会把炸物外表的脆壳打湿，令其变软。所以，炸物一次油炸后，可散热 1 分钟，然后进行复炸。一般来讲，复炸油温需要更高一些、时间需要更短一些，进一步逼出食物内部的水分，并令其外表变得金黄。同时，用两次油炸的方式来烹制食物，可以避免一次油炸时间太长，外表煳了、内部还不熟的尴尬。两次油炸，用时更短，耗油更少，炸物也更好吃。

家庭油炸烹饪遇到的最大问题，无外乎放油多少——想要健康，又怕费油，于是放的油不够多。如此一来，炸物不能全部浸没到油中，不能完全接触油脂，食材不同部位的成熟时间就有快有慢，口感也就得不到保证。二是如果油量不够，食材一进锅，会令油温迅速下降，导致食材表面没法在短时间内快速成熟，结成硬壳，反而会吸很多油，变成"油浸物"而非"油炸物"。而放足够的油，就会觉得浪费。其实，春节最适合做炸物了，吃饭的人多，你一筷子、我一筷子，大家分享美食，分担高油脂负担。油炸后剩下的油，也能很快在连续举行的家宴烹饪中消耗掉。

炸鸡配啤酒，是被热播韩剧带火的一种吃法，受到很多年轻人的喜爱。炸鸡好吃与否，取决于外层裹粉的成分。生粉（即玉米淀粉）糊化温度低，炸出来口感死硬，不香也不脆。糊化温度更高一些的木薯淀粉、马铃薯淀粉更适合用来做炸鸡，而低筋的小麦面粉可以给炸鸡穿上一件漂亮的鳞片状外套。

有个新颖的吃法供您参考：将鸡翅中顺着骨头一切为二，用厨房纸吸干水分，待用；将澄粉（小麦淀粉）、马铃薯淀粉以2：

3 的配比混合好作为裹粉，倒在深口盘子里；将 1/2 翅中放在裹粉盘中，抓一把粉覆盖上去，用手掌轻按两三下，抓起鸡翅，抖掉多余的裹粉。油锅温度 160～170℃，第一次油炸 1 分 30 秒，复炸 2 分钟左右即可。将炸好的鸡翅平铺开，放在冰箱冷冻室冻结实。吃的时候无须加热，蘸上诸如番茄酱、烤肉酱等自己喜欢的酱汁，直接冰着吃，酥脆极了。屋外天寒地冻，室内温暖如春，全家齐聚，大家不紧不慢地吃着酥脆香嫩的炸鸡翅，一小口一小口地喝着啤酒，聊聊哪个电视台的春节晚会最好看，谁买的过年新衣最漂亮，岂不惬意？

春节假期，您可以暂时忘记恪守一年的"健康饮食指南"，抛开清淡寡油的审美疲劳，吃点自己发自内心喜欢的"垃圾食物"。谨记：珍惜这些许的小放纵，仔细聆听咬下第一口的酥脆，用心去品味炸物的香气与口感。在这个过程中，您的喜悦会放大，身心会得到满足，每个毛孔都散发出心声——新年万象更新。

金波入肴香醉人

林岩清

我虽不胜酒力，却偏偏爱吃"酒菜"，就是那些在烹饪过程中加了酒做出的菜肴——黄酒温热、白酒辛辣、啤酒爽口、红酒甘醇、米酒清甜，以酒入菜，食客即便不喝酒，也能在吃菜的过程中品尝到鲜、甜、辛、香的混合味道，于不知不觉中，"醉"倒在一汪金波入肴的香气里。

|黄酒·花雕蒸鱼|

从烹饪的角度来讲，酒有去腥、增香、灭菌等作用。一般人家，厨房都会备有以黄酒为主要原料调和而成的料酒。但相比较而言，黄酒更加醇厚，所含酒精、糖类物质和氨基酸成分更多，能够更好地将口感硬的食物变得软嫩，去除食物的腥味和膻气，减少油腻感，缩短烹饪时间，令骨酥如肉，肉味甘美。黄酒入菜，多用来腌制肉类、内脏和水产品；也可以用其代替水来炖煮食材，比如东坡肉、三杯鳝鱼、贵妃鸡翅等。逢年过节，或是家里来了贵客，可以奢侈一把，用绍兴花雕十年陈酿，蒸一尾曹白鱼：把新鲜仔姜剁成的姜蓉放到橙黄清亮的花雕里浸泡一小时；将曹白鱼用盐、鸡油和姜蓉花雕腌制半小时，挥发掉鱼肉中具有腥气的胺类物质，将鱼肉本身的鲜味连同酒香一起封住。蒸鱼的时候，屉要大，火要猛，醉鱼之香妙不可言，尤以鱼腩最为甘香嫩滑，回味悠长。

| 白酒·火焰牛排 |

白酒入菜其实并不多见。白酒是五谷加酒曲酿造、蒸馏（也有部分勾兑）而成的，度数比较高，低的有30多度，高的可达60多度。因为酒精度数高，特别辛辣，入菜手法若是不当，不仅不能增香，反而会破坏食材本身的天然香气。白酒可以用于制作异味特别浓厚的食物，比如淡水出产的"土腥味"较重的虾、蟹；或是在大火爆炒，油温最高的时候放入菜中，有助于酒精挥发。火焰牛排是道创新菜：牛肉经简单腌制，煎至五成熟，放到烧热的铁板上，端给顾客；当着客人的面，撒上胡椒、海盐，烹上少量白酒，用打火机点燃火焰，令肉香与酒香相互交融成一曲绚丽的交响乐章，醉倒满堂食客。

| 葡萄酒·白葡萄酒龙虾 |

葡萄酒，是以葡萄为原料，经发酵酿制而成的一种低度果酒。葡萄酒的酒香，除了来自于葡萄果实、葡萄皮所特有的香气外，还有酿造过程中产生的各种脂类物质。用其入菜，能增加食物美味，减少油腻感。葡萄酒有红、白之分：浅色的肉类如鱼肉、鸡肉、海鲜，适用白葡萄酒；深色的肉类如猪牛、牛肉，宜用红葡萄酒。用白葡萄酒烹制蔬菜、海鲜可减少用油，并能增加食材的湿润度，使其口感更好。白葡萄酒本身有水果、草木和花香等的轻盈味道，只要加点黄油和柠檬，适当平衡酸度，便能呈现美味。制作白葡萄酒波士顿大龙虾：将龙虾处理干净，进行焯烫；锅中放入黄油，加些红葱头、蒜煸炒出香味，放入焯烫好的龙虾，再放些日本米醋、茴香和黑胡椒籽，最后倒入白葡萄酒、柠檬汁，那真是顶级的味觉享受。

有了这些美妙的金波入肴，酒不醉人，人便自醉了。

饮 中 国 酒　　庆 太 平 年

每逢节日，亲朋聚会总少不了各种美酒相伴。美酒种类繁多，享誉世界的有法国的葡萄酒、德国的黑啤、日本的清酒，等等。但是我们引以为傲的中国酒，在国外的市场份额并不高，没有得到广泛的关注。临近春节，咱们就来说说我国传统美酒佳酿的独特风味和文化底蕴。

| 醪糟 |

醪糟历史悠久，在我国许多地方都有，是一种大众普遍喜饮的甜食和饮料。将大米或是糯米（以糯米为优）蒸熟，加入生米粉和草药制作的"酒药"进行发酵，没有滤除渣滓的就是醪糟。过滤澄清后留下的白色汤汁，就是古代的白酒。将白色汤汁过滤静置一周后，抽出上清部分，留下的白浊部分即为浊酒，澄清透亮的那部分叫清酒。古人的"一壶浊酒喜相逢，古今多少事，都付笑谈中"广为传唱，而"金樽清酒斗十千，玉盘珍羞直万钱"

278

里的清酒就是古代白酒中的上品了。

古人的白酒与现今人们喝的高度数白酒可不是一回事。北宋之前，人们喝的酒主要是米酒之类的低度浊酒，口感很好，酒香味浓，酸甜适宜，酒精度数应该在 10 度左右，比我们现在喝的啤酒度数略高。

| 米酒 |

米酒是将酒酿长时间发酵形成的，江浙一带的老白酒就属于米酒，中国五千年诗酒文化指的也是米酒。一般米说，用糯米做出来的甜米酒质量最好，食用也最普遍，一年四季均可饮用。米酒含有丰富的多种维生素、葡萄糖、氨基酸等营养成分，饮后能开胃提神、和血益气。

"何以解忧，唯有杜康"中的"杜康"，是一种低酒精含量的酿制而成的米酒。不少西方人都以为米酒是日本人的创造，又岂知，它实际上是中国人首创的酒精类饮料。说我们的酿酒技术高超毫不为过，古人不仅掌握了用"曲"来酿酒，并且还发现要提高酒的酒精浓度，只要在发酵过程中不断加进熟的并经过浸泡的谷物即可。中国用"曲"酿酒的技术在公元 7 世纪中叶之后才流传到日本以及世界各国。

| 黄酒 |

世界上有三大古酒，黄酒、啤酒和葡萄酒，唯黄酒源于中国。

黄酒,又称老酒、饭酒和绍兴酒。在历史上,黄酒的生产原料在北方以粟为主,在南方普遍用稻。不同原料酿造的黄酒中,以糯米酿造的口感为最佳。

黄酒与米酒之间既有联系又有区别,黄酒之所以被称为"黄"酒,其实是因为酿造酒在长期陈化之后,由于氧化反应及容器的金属离子转移等原因,酒体会逐渐变黄,这一过程是自然的反应,酒龄越高颜色越深,这是判断黄酒酒龄最简单易行的办法。但实际上人们等不了那么久的自然陈化过程,所以真正上好的黄酒是非常难得的。黄酒度数低,酒精含量在5%～20%之间,属于低度酿造,营养丰富,糖度也适中,色泽黄中带红或黄中带白,呈琥珀色,十分明亮,香气浓郁,醇厚可口。黄酒性缓,有甜味,回味悠长,故口感更得喜食酸甜的江浙人民的欢迎。

黄酒富含氨基酸等呈味物质,具有得天独厚的调味功能,因而既可饮用,又可以用于烹调。在烹制荤菜时,特别是羊肉、鲜鱼时加入少许,不仅可以去腥膻还能增加鲜美的风味。用于做菜的料酒就是用30%～50%的黄酒作为原料的。

︱日本清酒︱

说中国酒为什么要提日本清酒呢?这是因为,日本人民正是借鉴了中国黄酒的酿造方法,并进行了继承和发展,才得到了如今堪称为日本国粹的清酒。

1 000多年来,清酒一直是日本人民最常喝的饮料。在大型的宴会上，结婚典礼中，在酒吧间或寻常百姓的餐桌上，人们都可以看到清酒。该酒色泽呈淡黄色或无色，清亮透明，芳香宜人，口味纯正，绵柔爽口，其酸、甜、苦、涩、辣诸味谐调，酒精含量在15%以上，含多种氨基酸、维生素，是营养丰富的饮料酒。清酒是一种谷物原汁酒，很容易受日光的影响，因此不宜久藏。

| 烧酒 |

烧酒，就是现代意义上的白酒，属于蒸馏酒。虽然中国早已能够利用"酒曲"及"酒药"酿酒，但在蒸馏器具出现以前还只能酿造度数较低的果酒或黄酒。蒸馏器具出现以后，酿造酒经过蒸馏，可以得到度数较高的中国白酒。白酒蒸馏技术在元代传入中国，在清朝发扬光大。因蒸馏技术的发展，白酒的保存和流通性均得到了提升。绝大多数的蒸馏酒白酒品牌都创始于清朝，比如茅台、五粮液、汾酒，等等，以香型或地名为记。

| 冬饮 |

"绿蚁新醅酒，红泥小火炉。晚来天欲雪，能饮一杯无。"在寒冷的冬季，和三五好友围坐在一起喝上杯温暖的美酒是件何其幸福的事。传统温酒方法分为两种，一种直接用明火温酒，另一种用隔水温。明火温酒就是直接放在明火上温热来喝，或用金属或以陶瓷器具盛之，用的就是这"红泥小火炉"。隔水温酒的温度比较均匀，讲究的人会选用非常美丽的酒器。

冬日美酒温饮不仅暖胃，更有利于健康。温酒，可以令酿造酒中可能存在的微量有害成分都挥发出去。一般可以将黄酒隔水烫到60～70℃再喝，合适的入口温度大概是38℃。

但要注意的是：任何酒类加热时间都不宜过久，否则酒精、香气都挥发掉了，反而淡而无味。

| 冬酿 |

冬天是酿酒的最佳时节，我国传统有所谓"冬浆冬作"的讲究。冬天温度低，杂菌少，更利于控制发酵的质量，酿出的酒不易酸败。此时，酒的发酵速度慢，发酵时间长，边糖化边发酵，缓慢的发酵过程可以酝酿更美好的滋味，低温也便于发酵完成后的储存和陈化。

传统的黄酒酿造，时间上极为讲究，每年从立冬开始，到下一年立春结束，民间俗称"冬酿酒"。"小雪淋饭、大雪摊饭、立春榨酒"，讲的是制作"酒曲"、投料做酒和榨酒的节气。

在南方有个说法，据说到冬至那天，一家人聚齐喝上一些冬酿酒，整个冬天就冻不着了。春节将近，您也不妨买几斤糯米，自己动手试试酿造醪糟。不知酉年冬日酿的酒是不是会更加甘甜美好？

时 光 魔 法：

烟 熏 与 腌 渍

李玉竹

在没有冰箱、冷藏室、冷冻室等高科技存在的农耕年代，人们在经过了忙碌的秋收后，便开始思考如何通过延长保质期，来将剩余的食物储藏起来，以便度过食物贫乏的冬天和来年初春。经过不断实践，充满智慧的人们发现，通过烟熏、腌制、腌渍等方法加工食物，不仅可以实现"保质"的目标，还可以赋予其有别于鲜食更加醇厚的独特风味。

| 烟熏腊肉 |

在过去物资匮乏的年代，肉类食物是非常珍贵的，普通人家只有在春节才能杀猪宰牛，打打牙祭，解解馋。除了鲜吃一小部分，人们会将剩余的肉全部做成腊肉慢慢享用，甚至是吃上一整年。

广东、湖南、四川均有极富地域特色的腊肉制品。腊肉大多采用非发酵性腌制和烟熏的制作方法，需经过配料、盐渍、烟熏这几个主要过程。首先，腊肉需要用盐（用量大约为肉重的 20%）、花椒、八角等调味料进行腌制。在这个过程中，食盐会渗入肉品的组织内，降低其水分活性，提高渗透压，这样就可以有选择地控制微生物的生长和发酵活动，抑制腐败菌的生长，防止食品腐败变质。而后，将腌好的肉挂在自家土灶上一米高处，用木炭、锯末粉和柏树枝条或瓜子壳、糠壳、板栗壳为燃料，在不完全燃烧的条件下进行文火慢熏。烟熏过程可以杀死肉中的部分细菌，进一步降低微生物的数量，使肉的表面形成一层变性蛋白质薄膜，防止肉内部的水分蒸发以及风味物质的散失，同时还可以避免微生物对食物内部的污染。

| 腌渍泡菜 |

还记得在读大学的时候，一位来自吉林的朝鲜族女孩，每次从老家回来都会带着装满泡菜的瓶瓶罐罐，召集两三好友到宿舍品尝她家乡的味道。泡菜配上食堂打来的香喷喷的白米饭，别有一番风味。她说，这就是妈妈的味道。

制作朝鲜族泡菜要先进行"湿腌"，将盐水煮沸杀菌后冷却，然后将大白菜浸在其中，通过扩散和渗透作用使白菜中的盐浓度与溶液一致。之后，将湿腌好的白菜沥干水分，涂抹上调制好的酱料，放在菜窖或小坛子里封口发酵 20 天，便可收获风味独特、芳香脆嫩、咸酸辣甜的泡菜了。这种发酵方法学名叫发酵性盐渍，是靠乳酸菌发酵生成大量的乳酸来抑制腐败微生物的生长。只要乳酸含量达到一定的浓度，并使泡菜隔绝空气，就可以达到长时间保鲜的目的。此外，泡菜在发酵过程中还会产生可以预防恶性贫血且在植物性食物中没有的维生素 B_{12}。

｜安全食用建议｜

对传统美味的钟情和对营养健康的追求，并非是绝对的对立面，只要方法得当，也可以享用。

1. 避免经常食用经过烟熏等加工食物。

2. 从正规渠道购买烟熏和腌渍食物，以确保食物的制作过程科学、规范。

3. 烹调使用烟熏与腌渍类食物，不再放食盐、酱油、味精等含盐调味品，减少额外的食盐摄入。

4. 多摄入富含维生素 C 的蔬果（如猕猴桃、鲜枣、橙子）。借由维生素 C 来减少致癌物亚硝胺的形成。

随着科技的发展，虽然今天的我们在寒冬和早春也可以品尝到鲜食的美味；虽然我们知道长期、频繁食用这些经过二次加工的食品可能影响身体健康，但是，这蕴藏着传统滋味和特殊情怀的食物，依旧在百姓的餐桌上占有重要的位置。想象一下，未来的食谱里如果没有它们的身影，会是怎样的乏味？

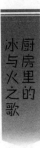

趣 谈 烹 饪 技 法 的 演 变

黄　璐

中华饮食文化博大精深、源远流长。随着生产力的不断发展，我们从最初单一的烤，逐步发展成为包括蒸、炖、煮、焖、烧、熘、烩、炝、爆、汆等花样繁多、口味各异的烹饪技法。而无论用哪种方式将食材由生变熟，将草木、禽兽变为秀色可餐的佳肴，都离不开水与火二者的互相配合。

｜烤｜

追溯到原始社会，全世界的厨房都是同一个样子——一个火堆，或是火坑，抑或是火塘。总之，有火就可以将狩猎回来的肉烤熟了食用。在火烹时代，厨师将肉食架起来，放在适当的距离，令其直接接触火传递过来的热量，并依据经验，添减木柴，挪动肉食的位置，以免辛苦打猎回的食材烧焦、烤煳。也就是说，当时的烹饪方式无需额外加水，单纯用火的热量就能将食材变熟。

当肉块渐渐升温，其中的蛋白质发生变性，之后，温度进一步攀升至动物油脂的熔点而又未达到燃点时，美妙的美拉德反应产生了——肉块颜色加深变成褐色，继而散发出诱人的香气。在这个烹饪过程中，虽未给食材加水，但却离不开水——这就是肉食内部的水分。烧烤需要调控火候，令肉食表面的水分适当蒸发，只有火候恰到好处，烤制出的肉块才会外焦里嫩，令人咬下去既有咀嚼的快感，又能感受到汁水饱满的美妙。

烤食发展到今天，不同国家、地区各有自己的秘方，除了传统的直接烤，还有先腌再烤，先蒸再烤等不同方式。除了改善口味，这些做法还可以更好地减少肉质内部水分的流失，保证口感。如今的市场上，各式可以计时的烤炉、烤架，能准确掌握烤制时间，也是避免肉质变老、变硬的关键要素。而在烧烤热源的选择上，除了炭烤、果木烤，以现代技术模拟火焰的热源也更加丰富，如电烤、燃气烤、蒸烤等。烹饪者还可以使用计时器、温度计等现代科技产物，更容易地掌握时间与温度，更好地控制烤肉的火候与水分。

那些不适合直接与火接触的食材要怎么做熟呢？先人们的智慧不可小觑，他们就地取"石"改造了厨房，用石头当作食材与火之间的介质：用石块将火堆围拢起来做成"灶"，在灶上铺块石板，将谷米等食材撒在石板上，食材经火加热，由生变熟；用树皮、竹子，甚至是动物的皮和胃做成锅，在锅中加水烧开煮制食物；还可将石头烧热不断投入锅中，利用烧石的热量将食材煮熟。

| 煮 |

煮是一个平衡水分的游戏。同样是煮,肉类会"出水",体积会变小;而谷物则"吸水",体积会变大。煮肉时,肉中所含的水分会析出,肉缩水后变小,比如炖牛肉,买回二斤肉,往往炖出来的成品只有一斤。煮肉可因放水量的不同,细分出炖肉和煲汤。当肉与水的比例为1:1左右的时候,做出来的就是带些汤汁的肉菜;当肉与水的比例保持在1:1至1:1.5之间时,就变成了带肉的汤。而煮米时,相对肉类而言,自身含水较少的谷米,则会吸水膨胀,乃至"开花",比如两口之家做两碗米饭,通常只需要放一量杯的大米。米与水的比例为1:1至1:1.2,煮出的才是米饭。低于这个水量,米饭会夹生;高于这个水量,就有可能煮成粥。无论是煮肉还是煮粥,放水的秘诀都是一次性加足。如果一开始水放得不够,被迫中途添水,则需添加热水,以避免骤添凉水带来的温差让食材口感变差。

至于火的应用,通常是大火煮开,继而转文火,让液面保持小翻滚但又不会溢出来的状态。可以时不时地搅拌几下,让食材在水里均匀分布。如果想在煮制的食物中添加其他食材,比如蔬菜,通常的做法是:可在肉块能被筷子轻松戳穿的时候;或是在粥米已开花,渐渐变稠时添加。至于不同种蔬菜添加的顺序,则看是否容易煮熟——不容易煮熟的自然要早点放。

| 蒸 |

蒸这种烹饪方式，独属于中国饮食文化。西方至今没有纯粹的蒸法。小麦原产自西亚，分别传到中国和埃及。虽然大家都选择将麦子磨成面粉，和水做成面团，利用发酵令面团产生气孔，变得更好消化。但最后，中国人选择将其蒸成馒头，而埃及人则是把面团放在烤炉里烤成了面包。往近了说，电饭锅虽然是日本人发明的，但传到中国后，我们为了在做米饭的时候能顺便蒸点食物，添了笼屉、蒸格。这样具有中国特色的电饭锅在欧美国家热销。在提倡少油饮食的今天，西方那些没见过蒸法的主妇们，甚是喜爱用这种能蒸食的电饭锅，觉得用它做不仅省时省力，做出的食物也更加有益健康。

想做好蒸食，需要掌握以下几个知识点。米、面、薯类食材的淀粉含量较多。由于淀粉吸水后的糊化反应需要更长的作用时间，因此，通常应与凉水一同入锅。而蛋、肉、鱼、虾等蛋白质含量高的食材，可以等蒸锅上汽后，再将其放入——用大量高温蒸汽缩短蛋白质变性的时间，使食材口感更嫩。如果是蒸茼蒿、榆钱等容易出水的食材，往往需要提前拌进去一些玉米面吸水，以获得更佳的口感。

| 炒 |

最后说到炒，这也是中国独有的烹饪方式。生产力进一步提

高后，人们开始使用热传导更好的铁锅来做菜，用热效率更高的煤炭来代替木柴烧火，进一步改良灶台，压榨提炼动植物油脂用于烹饪。至此，烹饪所用的火力更强了。与水相比，油脂烹饪时温度更高。与蒸、煮、烹、煎等"火在锅底下"的烹饪方式相比，炒、爆、炝、熘等"火在旁边包围"的烹饪方式，能令人更直观地感受到食材与火争锋的画面感。

通常来说，做炒菜是先开大火热锅，锅烧热了，添油，油热到微微冒烟，将食材放到锅中。"嗞啦"一声，食材中的水分蒸腾出来。此时，需要迅速用锅铲翻炒，适时地加调料调味。再讲究些的，可以"姜末炝锅、葱起锅"。看厨艺娴熟的厨师颠勺、起"镬气"（亦称"锅气"），节奏韵律感极强，更像是观看一场火与食材的舞蹈，畅快淋漓。

厨艺初学者想要掌握好炒菜这门技艺，首先要感受自家灶的火力和炒锅的传热效力；其次，体会自己常用的食材是否容易出水、是否容易变熟、怎么算变熟了；然后，是感受不同食材的相互配合所产生的味道变化。等到您能够换个灶、换个锅，依旧能炒出同样美味的菜品的时候，厨艺就算是基本合格了。关于炒的秘诀有二：一是多做！二是记住经验教训！

从烤到煮、蒸再到炒，这些带着浓郁中国特色的烹饪方式的一系列发展过程，主观上来说，是饕餮食客们千百年来对美食的不懈追求使然，是人们对当地饮食文化的继承与发扬；而客观上看，则一直是水火相争、水火相融的过程。随着生产力的不断发展，火力的不断提高，炊具导热性能的强化，食材内水分蒸发的速度也在逐步提高，从而进一步缩短了食材从生到熟的过程。这样，能够让美食保留更多营养成分。

水与火，是中华烹饪文化的精髓所在。

六道菜带您领略
火候之妙

陈培毅

菜品的制作，简单来说就是熟制食物，需要用不同的温度，不同的传热介质，来改变食物的性质和风味。而火候掌握得适宜与否，则直接影响到食物的色、香、味。再说通俗点，这菜好吃不好吃，全仰仗厨师对于烹饪火候的把握。

一般来说，火候是指食物在烹饪的时候，火力的强弱和烹饪时间的长短。有的菜需要急火快炒，有的菜则需要小火慢炖。不同的烹饪方式，不同的食材，抑或同一食材的不同部位，再或相同食材不同的体积大小，使用的火候都不尽相同。

急火快炒能保留食材更多的营养。某些营养物质害怕高温，例如蔬菜里含量最为丰富的维生素 C，就很怕热。这菜多炒上几分钟，其中的维生素 C 就所剩无几了。那么，为了更好地保留这些营养元素，就需要缩短烹饪的时间，甚至是食用的时间——急火快炒、开汤下菜、炒好即食。总而言之，就是强调一个"快"字。而有些菜呢，只有经过小火慢炖，才能获得更加丰富的营养元素。比如矿物质，只有在醋的作用下，经慢慢加热，长时间炖煮，才能够从食材中析出，更容易被人体所吸收。

咱们普通读者在家中做菜，如何才能更为简单地掌握好火候呢？第一步，就是正确认识传热介质的属性。天然气、电磁炉等产生的高温传递到食材，需要有传热介质——比如水、油、盐、金属、空气等。以盐为传热介质的菜品有盐焗鸡、盐焗虾等；用金属来导热的有烙饼等；以空气为介质的最著名的例子是北京烤鸭。水和油则是家庭烹饪更为常见的传热介质，咱们重点来说说。

| 以水为传热介质 |

用水作传热介质，烹饪温度不会高于100℃，可以更好地保留食材中的营养成分。水是一种极性分子，容易与食材中的极性基团形成引力而吸附它们，使得食物中的蛋白质、淀粉基团分散到水中，这就是煲汤和勾芡的原理。经长时间炖煮出来的老火靓汤之所以"有营养"，就是因为食材中富含的蛋白质被有效溶出。

以水传热的烹饪方法，如煮、炖、汆等，火候其实就是加热的温度、时长和水分的博弈。大火快煮首推四川火锅。大家都知道，必须等锅子滚开才能放入食材，鲜切的毛肚只需"七上八下"就可以吃了。此时，毛肚刚刚断生，没了生肉的腥气，多了熟肉的鲜香，又脆又嫩。说起小火慢炖，最有名的是红烧肉——"慢着火，少着水，火候足时它自美。"也有低温长时间加热的例子，分子料理慢煮鳕鱼就是——用 60℃的水，浸泡银鳕鱼 2 个小时，令其慢慢变熟。这时候银鳕鱼的口感，像极了一块内酯豆腐，油润丰美。如果，在这个加温过程中不用水，银鳕鱼最终的结局大约就是一张鳕鱼干了。

以水传热，按照加热时间的长短，可以分为 3 类：短时间加热、中等时间加热、长时间加热。

短时间加热

烹饪方式包括氽、灼、涮、焅等，代表菜品有冬瓜氽肉丸子、白灼虾、涮羊肉、西湖醋鱼等。下面举一例代表菜品：汤爆双脆。

汤爆双脆

原料：猪肚仁 250 克，鸭肫 250 克。

调料：小苏打、盐、葱、姜、料酒、胡椒粉、高汤各适量。

做法：（1）将肚仁、鸭肫分别洗净，切好花刀。放少许小苏打腌制，可让肉更加软嫩。

（2）清水烧沸，先往水里加入葱、姜、料酒，倒入肚仁、鸭肫，烫到变色即可捞出装盘。

（3）另将高汤烧开，加盐调味，冲入肚仁、鸭肫中，撒上胡椒粉即可。

这道菜对火候的要求是：水要足，火要大，温度要足够高。只有这样，才能保证将食材放入 100℃的水里后，水温不会下降，能一直保持滚开的状态。如果水放少了，或者火力不够，食材入水把水温降低，就达不到脆嫩的口感要求了。

中等时间加热

烹饪方式包括扒、烧、煮、烩等，代表菜品有扒口条、红烧肉、卤牛肉、大煮干丝等。

大煮干丝

原料：豆腐干4块，熟鸡肉10克，虾仁15克，火腿丝5克，熟菜心4棵，虾子适量。

调料：食用油、盐、鸡汤、水淀粉各适量。

做法：（1）豆腐干切成细丝，放入碗中，用沸水浸烫3遍。

（2）虾仁用水淀粉上浆，鸡肉切丝待用。

（3）锅中放稍多些的油，炸香虾子后，加入鸡汤，放入豆腐干丝、鸡肉、虾仁，大火煮开后，加盖煮3分钟。开盖加盐调味，淋入少量熟油让汤色变白，出锅装碗，撒上火腿丝和熟菜心即可。

煮这道菜的时间不宜太长，汤汁入味，食材熟了就要及时起锅。这样才能保持食材外形的完整。过分煮制会影响菜的品相，最终成为一锅"乱炖"。

长时间加热

以水为介质，需要长时间加热的烹饪方式，包括炖、焖和煨。这三者又称为三大火功菜技法。所谓的火功，就是这三种技法的最后一道工序都是用水加热——将食材放置在密封性较好的盛具中，用水当介质，以小火，经长时间加热制成的。这类菜品制作起来费火又费时，也因为如此，才使得原料组织变性分解，鲜味物质酯化，鲜香味和原汁都不易向外散失。所谓的"原汁原味"说的就是这样做出来的菜。下面我们来看一例代表菜品：黄焖鸡。

黄焖鸡

原料：净鸡1只。

调料：食用油、酱油、甜面酱、料酒、清汤、白糖、盐、葱段、姜片、葱油各适量。

做法：（1）将鸡切成块。

（2）将锅烧热，加少许食用油，放甜面酱炒出香味，放鸡块、葱、姜略炒。

（3）放入酱油、糖、清汤、盐烧开，然后加盖焖制。

（4）等鸡块八成熟时加料酒，用微火收干水分。等汤汁浓稠时，淋上葱油装盘。

这道菜要把清汤一次性加足，盖上锅盖，用小火低温焖烧，中间不能揭盖加汤，也不要用大火收汁。较低的、固定的恒温热量，会不断向食材内部渗透，这样才能保持成菜的品质。

｜以油为传热介质｜

水的沸点是 100℃，而食用油的沸点可达 300℃。我们平时看电视节目，大厨经常会说，等油温升到六成热时，放入食材。这里的六成热，就是相对于 300℃ 而言的，也就是 180℃。以油为介质烹饪菜品，最好理解的就是炸了。锅中放的油必须要浸没过食材，例如炸丸子、炸鸡、芝麻鱼条等等。油炸也有低温的，油温保持在 100℃ 以下，比如：纸包鸡、软炸里脊、油氽腰果（这里的氽字，念作 tǔn，由"人"加"水"构成，不是"入""水"的"氽"）。

高温油炸之芝麻鱼条

原料：龙利鱼条 200 克。

配料：鸡蛋 1 个，芝麻 25 克，盐、葱、姜、胡椒粉、淀粉各适量。

做法：（1）鱼肉切条，加盐、葱、姜、胡椒粉腌制入味。

（2）用鸡蛋和淀粉调和成浆。

（3）将鱼肉上浆，放入芝麻中裹匀。

（4）将鱼条投入四成热的油中，初炸定型。捞出后，放入七成热的油中炸透、炸熟即可。

在家做饭，没法精准地衡量油温，经验就很重要。一般而言，食用油两成热时，油的表面变化不大，用手置于油锅表面，能微微感觉到有点热。四成热时，油的表面开始出现涟漪，这是高温区的油和低温区的油发生了对流。用筷子置于油中，能看到有微小的气泡浮起。七成热时，筷子上的气泡变得密集，并开始有少许青烟升起。八成热时，筷子上的气泡更加密集，油烟也更明显。

低温油炸之油氽花生

原料：花生 250 克。

调料：椒盐适量。

做法：将洗净晾干的花生放入冷油中，用中火慢慢加热，使得花生慢慢脱水。等花生颜色变黄，捞出后，拌上椒盐就可以食用了。

做这道菜，应将花生下锅后再开火，用中火慢慢加热。花生微微变色，就可以捞出来了。因为花生还有余热，会持续加温。如果等颜色正好再捞出来，余热会把花生加热过头，产生焦煳味。

| 以油、水二者共为介质 |

说了水也讲了油，还有一种烹饪方式，是以油加水共为介质的；单纯用油加热，是没法给食物调味的。油炸的食物，要么是事先调好味道，然后油炸；要么是炸完了，蘸调料吃。而油加水共为介质的烹饪方式，是我们中国菜最有特色的水火交响曲，它能够使菜品的味道和造型都达到令人惊艳的效果。名扬天下的宫保鸡丁、鱼香肉丝、爆炒腰花、锅塌三鲜、咕咾肉等，制作都既需油，也要水。下面介绍一种以油和水为介质加热的家常菜：煎烹大虾。

煎烹大虾

原料：净虾 400 克。

配料：鸡蛋 1 个，食用油、葱、姜、蒜、面粉、酱油、料酒、糖、醋、盐、清汤适量。

做法：（1）虾去皮，从背部剖成夹刀片，加盐、料酒，拌匀后拍上干面粉。

（2）将酱油、料酒、糖、醋、清汤兑成汁待用。鸡蛋搅打均匀。

（3）将虾裹上蛋液，投入五成热的油锅内，煎至金黄，取出。

（4）锅里放少量油，油热后加葱、姜、蒜炝锅，放入煎好的大虾，倒入兑好的碗汁。待大虾两面入味、汤汁浓稠后，用筷子将大虾拣出装盘。

做这道菜，要先给虾加一点底味。为什么要加底味呢？在肉类食材中稍加一点食盐，能帮助肉类的蛋白质保持更多的水分，使得成品更嫩滑可口。不过，需要注意的是，盐可千万不能加多了。盐加多了，肉中水分反而会跑出来，肉就变柴了。

炸虾的温度不能太高，否则容易外煳内生。虾炸熟后，要立即放入锅里烹汁。烹汁到出锅的时间需要控制在半分钟以内。烹汁时间太长，味汁容易烧干，菜品容易变干、变老，影响口感。

您看，火候不同，加热介质不同，呈现出来的菜品就会千差万别。咱们老百姓，每家每户所用的食材相近，调料相似，只不过，各家大厨用了不同的火候，不同的水分，不同的放料顺序，就呈现出了只可意会的"家的味道"。这，不就是中国菜的魅力所在吗？

"老味儿"里的香

所谓"老味儿",对儿女来说是记忆里小时候妈妈的拿手菜,对打拼在异地的人们而言是萦绕心间挥之不去的乡愁,而对游客来说则是不尝就会遗憾的舌尖必到景点。百姓饮食谈不上精致、高级,但选材实在、烹饪用心,且代代传承间更是赋予了食物独特的人情味道。如今的生活节奏越来越快:工作速度要快,知识更新要快,就连上菜速度也要快,最好连食材形状都处理得更加方便入口、更加软烂,好让人能够快速吞入腹中。因此,众多性价比高的快餐连锁店都门庭若市、买卖兴隆。食客往往也不会深究这菜的味道是否地道。

其实,说起这"老味儿",往往并不是什么复杂的菜式,制作过程也并非特别繁琐,大多是些食材简单、做法简便的家常菜。因为以前食品工业和物流都不发达,厨房所用调味料比较简单。比如大家熟悉的三杯鸡,一道始于江西成名于台湾的菜式,制作原料只需一只鸡,一杯油、一杯酒、一杯酱油,连食材带调味料一共四种即可，还无须添水。食材虽简单但并非没有要求：鸡，要选三黄仔鸡；油，赣菜版选猪油，客家菜版选胡麻油；酒，赣菜版选甜酒酿，客家菜版选广式或台湾米酒；酱油，通常是生抽、老抽按照3：1的比例进行调配。物质资源不丰富的年代，做菜只用最基本却独具风味的配料。

类似的传统做法还有上海本帮菜红烧肉，配料只有冰糖、酱油，以及一整瓶的黄酒。除了肉本身一定要足够新鲜，选用的配料也均是辨识度够高、风味十足的——黄酒酒精度数不高，不辣却香，久煮可给食材去腥；酱油可为菜品提供层次丰富的咸鲜口味；最后说到冰糖，不单单可以令红烧肉展现出红亮迷人的焦糖色，还有平和各种口味，让滋味更加饱满的作用。

要想呈现"老味儿"，选对原料和配料还不够。拿厨房入门级菜品西红柿炒鸡蛋来说，就绝对不是每个人都能做好的。前半程炒鸡蛋、捣碎蛋的部分略过不提，单说炒西红柿——大火热油，西红柿切中等块入锅，迅速放生抽一茶匙，拌均匀后，盖锅盖改小火，等到西红柿块的棱角渐渐化掉了，出汤了，再将之前炒好的鸡蛋碎倒入，翻炒均匀，放葱花少许，加盐出锅。这样做出来的西红柿炒鸡蛋无论是和米饭还是拌面条都极好。当然，如果西红柿的品种好、成熟度高，汤汁会更多更香。

西红柿炒蛋的"老味儿"来自正确的步骤和火候，先是利用生抽中的盐分慢慢让西红柿的细胞壁破裂、汁水析出。但酱油一定不能放多了，不是取其"咸味"或是浓重的色泽，而是用其逼出西红柿的汤汁，以少许咸调和西红柿的酸，给菜入底味，丰富滋味。转小火加锅盖烧制，可以延长西红柿的出汤时间，不让汤汁中的水分过快蒸发掉；临出锅前加少许葱花，则是为了恰到好处地带出葱香——葱花放早了香气容易散失，炒得时间过久还会生出葱臭。所谓"生葱熟蒜"，"生葱"说的就是这个道理。

讲到西红柿，就顺便说说外国人民钟爱的"老味儿"——配意面吃的番茄酱。做法也体现了同样的烹饪原理——炒番茄的时候放些美极汁然后转小火，利用盐分将番茄熬成酱状；快出锅时，加入迷迭香、罗勒等香料。想要意面酱正宗，千万不要偷懒用酱油去替代美极汁——虽然都是提鲜的酱汁，但风味却有很大不同。

然而，想要真正吃到"老味儿"，并不是照着菜谱制作就行的。烹饪有趣，做饭无趣，前者是将一日三餐视为生活中不可或缺的情趣，后者则更多地将其划归成为生存不得不完成的任务。下厨房的那个人对生活的态度是否认真，可以从他做的饭菜中看出来。比如，八宝饭中的核桃仁，"老味儿"的做法是用热水煮烫核桃，然后用牙签一点点剥掉种皮，露出白花花的核桃仁。用这种桃仁儿蒸出来的八宝饭没有核桃种皮的微微苦涩。再比如做粉蒸肉的米粉，需要用水浸泡，待米变白并出现裂缝时用手一点点搓碎。还有凉拌素什锦，七八种素菜每一种菜焯熟的时间、出水的情况都不同，需分类加工，然后再拌到一起调味。很多"老味儿"的做法并不需要多么高超的烹饪技法，只是需要投入一些时间和精力。

对食客而言，想要品尝"老味儿"还需要做一件重要而有意义的事情——赶紧解救自己的味蕾，从重油重盐中、从味精鸡精之类的增鲜剂中、从辣条中常放的肉类香精中、从雪糕饮料的甜味剂中，解救自己。人们的舌头被当今五花八门的加工制品弄得麻木了，"老味儿"对他们而言便成了"没味儿"。

　　少放些调料，少吃加工食品，有助于人们辨认更多、更丰富的滋味，让味蕾回归本真，再来体验传统饭菜，才会更有感觉。大道至简，祝您早日找到那份梦寐以求的"老味儿"。

会变魔法的面包机

林岩清

爱好美食的人，大多热衷于购买各种厨房器具——买了精致的骨瓷茶具，还想要更"有温度"的手作瓷；买了某品牌榨汁机，又好奇破壁机的功能是不是更强大。不过，有些产品买回来用不了两次就被束之高阁，只剩"占地方"和"落灰"。为了提高使用效率，我琢磨起开发面包机的新功能，让它为我的餐桌变出魔法美食。

| 和面功能：揉搓一切 |

面包机如果只用来做面包，那实在有些浪费。我首先开发的是和面功能，用面包机和出的面团细腻、柔软又光滑。我这个主妇再也不用因为包饺子、擀面条抱怨和面手腕疼了。

面包机还可以用来"打"年糕。做法是：将糯米浸泡一晚，第二天放入高压锅中煮熟。将糯米饭凉凉后倒入面包机中，开启和面功能20分钟，结束后再重复开启两次和面功能。用筷子挑起面团，如果质地黏稠，年糕就好了。将新打出的年糕倒入一个干净的、提前涂抹薄薄一层熟油的容器里晾凉，之后切片就可以吃了。糍粑的做法和年糕类似，区别是蒸糯米饭时要多放一些水，蒸制时间更长一些。

除了米面类食材，面包机的和面功能还可以"搅打"肉糜。将鱼肉和鸡胸肉糜按 1：1 的量，放进刷过一层油的面包桶里，加精盐、胡椒粉、淀粉和葱姜水，开启和面功能 20～30 分钟，肉糜就打好了。将肉糜放至盘中，上锅蒸熟即成鸡鱼糕。将其晾凉后切片吃，肉质紧实，味道鲜美。

| 果酱功能：甜蜜相伴 |

自己在家制作出的果酱物美价廉还健康，缺点是制作者得一直守着炉子看火——费时又费力。用面包机就可以解放双手了。

我曾做过苹果酱和糖渍金橘。做苹果酱需要预处理食材：洗净苹果，去皮和果核，将果肉切成小丁。将苹果丁放到锅中煮软，用搅拌机打成苹果糊。把苹果糊和适量白砂糖、柠檬汁一同放入面包桶中，按下果酱功能键。10 分钟后，按暂停键，放入少许水淀粉，再以果酱模式制作 1 个小时。这样做能让果酱变得更黏稠。糖渍金橘做起来也很简单：先把金橘用盐搓洗干净，晾干水分。用厨房剪把金橘剪开 4～6 个口，压扁后用小刀把核挑出。将金橘和白砂糖一起放入面包机，开启果酱模式即可。

面包机的果酱功能还可以制作豆馅豆沙、白豌豆泥和鹰嘴豆泥。我最常做的是红豆沙：将红豆浸泡 4 小时以上，把煮好的红豆和食用油、白砂糖放进去，运行果酱模式。要提醒您注意的是，制作鹰嘴豆酱，需将鹰嘴豆提前泡一晚，用高压锅焖煮 1 小时。做好的鹰嘴豆泥可以做西餐配菜，也可以直接抹面包片吃，营养丰富又健康。

喜欢吃甜食的，还可以用面包机的果酱模式做牛轧糖。把黄油、棉花糖放入面包桶内，按下果酱键。等到糖变得可以拉丝，依次加入奶粉、黑芝麻和花生碎翻炒均匀。将棉花糖放入面包机后，需要 5～10 分钟才能有拉丝感。这样做出的牛轧糖更有嚼劲儿。将做好的牛轧糖倒入干净的盘子里，用擀面杖擀成 1.5 厘米左右的厚度，放至温凉，切块即可。注意，不要等到糖凉透再切，否则牛轧糖会变得很硬，不好切。

| 发酵功能：健康加分 |

面包机的发酵功能，可以用来做酸奶、米酒和辣白菜。将纯牛奶、酸奶发酵剂放入面包机内桶，搅匀后选择发酵功能。大概 4～6 小时后，酸奶就好了。您可以根据自己的口味给酸奶浇上蜂蜜，或者拌上樱桃、草莓等水果食用。

做米酒需要提前准备糯米和甜酒曲。将糯米浸泡一天，放入蒸笼蒸熟。将其冷却到温热，和甜酒曲、适量凉白开一起放入面包机内桶中。设定好发酵程序。30 个小时左右，您就可以品尝到酒味纯正的米酒了。炎热的夏天，我尤其喜欢把冰荔枝放在米酒里一起喝。那味道酸酸甜甜的，令人感觉酷暑尽消。

面包机还可以做辣白菜。将娃娃菜洗净、晾干（因为面包机内桶比较小，用娃娃菜比大白菜更方便），加盐腌制2小时。将苹果、梨、白萝卜切片，同蒜、姜、辣椒、白糖一起放入破壁机打碎，制成辣酱。清洗娃娃菜并擦干，放进面包机内桶。放一层菜叶，刷一层辣椒酱，选择发酵功能。大概8小时后，"懒人版"辣白菜就好了。

|炒干货功能：香味诱人|

面包机的炒干货功能，可以用来做琥珀桃仁和肉松。制作琥珀桃仁很简单：在面包机内放入玉米油，倒入白砂糖水和麦芽糖，搅拌均匀，放入沥干水分的生核桃仁，按下炒货功能键，开着盖儿不断翻炒，让糖浆均匀包裹住核桃仁。您如果想让成品颜色深一些，可以将砂糖换成红糖。要注意的是，炒干货的时间不能太长，否则会煳锅。炒好后的桃仁要趁热铺在锡纸上分开晾干，否则冷却后就会粘到一起。等核桃仁表面的糖液凝固成一层脆脆的糖皮后，就可以密封保存了。

肉松做起来也不难：选猪瘦肉，切块，除去筋膜。将肉块放入葱姜、花椒水中焯烫，捞出后控水晾凉。用手将肉撕成均匀的肉丝。在面包桶中倒入生抽、糖、盐和植物油，拌匀后倒入处理好的肉丝，盖盖，按炒干货功能键。大约30分钟后，香喷喷的肉松就做好了。以同样的方法还可以炮制牛肉松、鸡肉松、鱼肉松或混合肉松，健康又美味。

盐 —— 食 物 之 魂

黄　璐

　　"天下百味盐为首"——别看厨师在每道菜里添加的盐并不太多，但烹饪中若是少了它，便会令食客顿觉寡淡无味。

　　地球上很多国家都有丰富的地下盐资源。占地球表面积的71%的海洋中也含有大量的盐。如果将这些盐提取出来，可以给整个地球铺一层厚达36厘米的盐粉。

　　盐，看似是取之不尽、用之不竭的，但从数万年的人类活动史来看，盐却一直处于稀缺状态。古时候，人们想要获取一点点盐，都需要费尽周折。感谢时代的进步、科技的发展，人类可以用工业化的方式较为容易地得到盐。在现代，盐终于不再是稀罕物。

　　在世界各地的神话传说中，盐都拥有亦正亦邪的双重身份：它纯洁而有力量，可以用来"驱邪"；它神秘而危险，因此也常常被用于"诅咒"。而在现实生活中，盐的财富属性也是难以捉摸的——拥有盐矿或盐田晒场的人们，往往很富裕；但土地含盐量高，又会使作物难以种植，导致农民贫困。

还记得《李尔王》里的那句经典台词吗？"我对您的爱就像盐一样，不多不少。"盐被加入到食物中很快就会消失不见了，但却能够神奇地改变食物的味道。看似平常的盐，在人类饮食中是不可或缺，也无法被替代的——只要一小撮就能让一切变得不一样。

从科学的角度来说，广义上，盐是酸与碱发生反应的产物，属于一类物质的名称。而我们今天所探究的是狭义上的食盐，特指盐酸和钠的反应产物氯化钠。近些年，市面上出现了推荐高血压患者食用的代盐，化学成分是氯化钾。单从风味的角度而言，氯化钾确实是咸的，但其味道与食盐相比，又稍有差别。因此，很多消费者在使用氯化钾烹饪时，会产生错觉，总觉得不够咸，而放得过多。但即使多放代盐，也会令人觉得烹饪出来的食物的口味还是差那么点意思。也就是说，单纯从味道来看，我们熟悉的食盐的盐味是无法被替代的。

食盐的形态并不仅限于我们熟悉的那种小颗粒。比如，做爆米花时要用细小到几乎呈粉状，能进入到爆米花裂缝中的盐；喝玛格丽特酒时，杯口要放能用柠檬汁粘住的粗粒晶体盐；吃海鲜或牛排时，要用研磨器将有颜色、半透明的粒状天然岩盐或海盐现磨出来撒上；吃鹅肝时，则要用到堪称"欧洲九大顶级食材"之一的"盐之花"的片状盐——一种必须纯人工采收，产量极低的天然结晶体。

在化学成分上，以上各类盐的本质是一样的，都是纯度为

99%的氯化钠。若是加在水分多的菜肴中，这些盐溶解后的味道并没什么差别。但是，如果您对食物的口感有更加个性化的追求，并且烹饪所用食材含水分较少，能更好地呈现出不同品种食盐的风味，倒是可以买来尝试一下。

厨艺精湛的厨师或是味觉敏感的老饕，会推荐天然岩盐或是海盐。它们靠着产地独特的光照条件、温度和风力，因为水分蒸发的速度比较缓慢，形成了不规则的粒状或片状。天然岩盐或海盐的颜色不单单有白色的，还有粉色、红色、紫色，以及黑色等。食盐姹紫嫣红的外貌与产地的独有成分有关。这些外表美丽、外形独特的天然盐，往往是在食物快成熟的时候才被撒于表面，随食物一起进入食客口腔，在舌头上溶解。由于形状不同、密度不同、晶体结构不同，盐在味蕾上绽放的速度会有快有慢，能让人产生不一般的味觉体验。

很多情况下，选择一些小众化，且取用方法更有仪式感的盐，会令烹饪者和食用者产生超越调味品本身的独特心理感受，以及嗅觉、味觉、视觉的多重愉悦体验。不过，大多数情况下，这种心理感受仅仅限于"形式"而已。比如，刚才提到的吃牛排时放现磨的盐粒。事实上，只要保存得当，新鲜磨出来的盐粒和放了一阵的盐粒，其口味并没有什么区别。

旧时，盐并不便宜。但人们为了保存很多价值更高的食物，延长其保质期，会将大量的盐涂在肉或鱼上起防腐作用。此外，古时候种植作物只能根据气候春种秋收，冬季新鲜蔬菜出产匮乏。而冬季如果长期不吃蔬菜，会导致人体罹患各种疾病。因此，就有人用盐腌渍蔬菜，制作泡菜、咸菜。久而久之，世界各地都产生了一种独特的美食——腌渍食物。

现在，我们处在一个食盐丰富的时代。除了利用盐调味之外，我们可以尝试使用盐作为介质进行烹饪。比如，制作烤箱美食，盐就是很好的热传导介质。将食材覆盖以大量食盐，可以迅速吸收食材散发出的水分，而烤箱的热量又可以带走盐中的水分。这样烤出来的食物表面干爽，口感酥脆，外香里嫩。

吃　醋

陈培毅

在我国，"吃醋"的另一个意思是嫉妒。据传，唐太宗为了笼络人心，要为当朝宰相房玄龄纳妾。房夫人不允许。皇帝觉得自己颜面有损，就令房相之妻在喝毒酒和纳小妾之中选择其一。没想到房夫人性格刚烈，宁愿一死也不在皇帝面前低头，于是端起那杯"毒酒"一饮而尽。当房夫人含泪喝完后，才发现杯中不是毒酒，而是带有甜酸香味的醋。从此世人便把"吃醋"代指情侣一方对另一方花心行为的不满。

醋是我国传统的调味品，已有近3 000年的历史。古人很早就发明了醋（醯 xī）。周天子就设有专门负责管醋的差人，叫作"醯人"。《周礼》中记载有供宾客用醯五十瓮。《左传》说宋襄公的夫人陪葬品中有醯一百瓮。《梁书·良政传》说"怀慰持丧，不食醯酱"，意思是：父母过世，孝子以不吃醋和酱料来表示孝道。这说明醋在古代属于奢侈品，是很珍贵的。

从营养学的角度来说，醋这种发酵产物，不仅去掉了植物中的抗营养因子植酸，还含有大量的醋酸、钙、铁、乳酸、烟酸、氨基酸、盐、糖，以及醛类等营养物质。醋能把食物中的钙和铁析出，使人体更容易吸收这些矿物质。炒制土豆丝、大白菜等蔬菜时，倒些醋进去，可以减少食物中维生素 C 的流失。对于一些含腥味的食材，例如鱼虾，醋能起到去腥、增香的作用。有些水产品如果被副溶血弧菌污染，容易造成食物中毒，但只要用醋浸泡几分钟，再充分加热，就能达到杀菌的作用。《本草纲目》说，"醋可以消肿痛、散水气、理诸药"，可用于除坚积、消食和杀菌。

| 中国粮食醋 |

《齐民要术》总结过 20 多种酿醋方法：八月取清，别瓮贮之，盆合泥头，得停数年。

古时酿造醋的作坊具有相当大的规模，每家作坊的门口挂一个醋葫芦作为标识。古人也把醋叫作"苦酒"，因酒变质发酸，就成了醋。所以酿酒的原料是什么，酿醋的原料就是什么。凡是含糖和淀粉高的粮食、水果，如高粱、粟米、红薯、玉米、果子等都可以拿来酿醋。

除了对原料的糖度或淀粉含量有要求以外，阳光、空气和水质这三大因素也会对酿造醋的品质产生极为重要的影响。从现代科学的角度看来，阳光、空气和水质说的是温度、湿度、含氧量和水里的矿物质以及水的洁净度。只有温度、湿度和含氧量都合适的情况下，醋酸菌才能具有最高的活性，从而完成从淀粉到糖，从糖到酒，再从酒到醋的转化。水里的矿物质决定了醋的口感。水的纯净度够高才能保证醋在发酵过程中不受杂菌污染。当然，含有过多氯的自来水是没法酿醋的，因为氯有杀菌的作用。

用粮食酿醋，先得把粮食蒸熟，把粮食中的淀粉加热至糊化，摊凉之后拌入酒曲酵母，有的还要拌入谷糠，这是要让糊化后的原料更加疏松，接触更多的空气和醋酸菌，才能更好地醋化，最后装到罐中发酵。

酿造醋的过程是时间的神奇魔术。人们只有经过长时间的等待，才能得到回味绵长、层次丰富的醋。而现代工艺缩短了我们等待的时间，会在酿造原料中添加酒来加速醋化。但这样制作出来的醋很酸，而且缺少有机酸、维生素等多样营养素，口感回甘较少，也缺乏谷物的香气，用来去腥虽然不错，但增香怕是做不到了。

| 四大名醋 |

我国地大物博，醋产地分布较广，各地食醋酿造工艺各有不同，导致食醋品种繁多，风味不一。其中尤以山西老陈醋、镇江香醋、四川保宁麸醋、福建永春老醋最为著名，早在明清时期即被誉为中国四大名醋。

山西老陈醋：素有"天下第一醋"的美名，以山西最常见的高粱、麸皮、谷糠为主要原料，以大麦、豌豆所制大曲为糖化发酵剂。醋的酸度，来自于原料里的淀粉或糖分，而醋的鲜味，则

314

来自于原料里的蛋白质。山西老陈醋的选料中，蛋白质的含量为四大名醋之首。老陈醋里富含 18 种氨基酸，使得它具有醇厚的鲜味，并拥有绵、酸、香、甜、醇的独特风味。

镇江香醋：镇江地处江南，可是镇江香醋却是北方醋。为什么这么说呢？原因是镇江香醋的酿造工艺，采用的是北方的开缸固态发酵方法。民间传说镇江香醋是杜康的儿子黑塔发明的。他将处理过的糯米发酵 21 天，酉时启封就是香飘四处的香"醋"了。

保宁醋：四川的保宁醋，源于 936 年，是川菜百菜百味的基础。若缺少了保宁醋，川菜就失去了灵气。甚至有"离开保宁醋，川菜无客顾"的说法。保宁醋以麸皮、小麦、大米、糯米、黑米、玉米为原料，用白蔻、砂仁、杜仲、当归、薄荷、五味子等 60 多种中药材制曲，经 10 年酵池发酵，10 年窖藏，是独一无二的中药保健醋，也是我国四大名醋中唯一的药醋。保宁醋除了"湿醋"，还有保宁干醋。干醋是深褐色的粉末。取少许干醋粉放在碗里，以适量热水化开，在碗里旋转几圈，碗壁上就会附上一层均匀的醋汁，这就是保宁醋"挂碗"的特色。

永春老醋：福建永春老醋是南方醋。南方醋采用的是关缸液态发酵法。永春老醋的酸味比较薄，味道偏甜，用来搭配海鲜刚刚好。其酸味可以掩盖海鲜的腥味，而甜味又能恰到好处地把海鲜的鲜味突出出来。永春老醋用糯米、芝麻、白糖、红曲这些看上去明明是做甜味糕饼的材料，却偏偏做出了醋，可算是一绝了。只有陈酿达到 3 年以上，总酸不低于 5 度，才能被称为"永春老醋"。

以椒之名　赋辣之味

黄　璐

辣椒原产于美洲，哥伦布环游世界时将它从美洲带到欧洲，16 世纪中叶传遍中欧各国。1542 年，西班牙人、葡萄牙人将辣椒带到印度、日本。16 世纪末，辣椒传到朝鲜。17 世纪时，东南亚地区国家有了各种品种的辣椒。关于辣椒进入中国的时间，我国学者认为：辣椒可能是在明朝末年经由两广、贵州、湖南等地区进入我国。国外学者则普遍认为：16 世纪中期，西班牙人将辣椒从印度传入西藏，后迅速普及到中国全境。无论哪种说法，辣椒在中国也就 400 多年的历史是毋庸置疑的。时间虽短，但如今辣椒在人们的日常饮食中已不可或缺。那么，辣椒这个名字究竟是怎么来的呢？

｜花椒、胡椒的椒｜

椒，在古代典籍里指花椒。《诗经·唐风》记载"椒聊之实，蕃衍盈升 "，是说花椒树果实累累，象征子孙繁茂。古人很早就开始用花椒烹饪佐味。椒味辛，是古代调和五味的主要调料之一。

随着美洲新大陆的发现，全世界的物种都在进行频繁的跨洋交流。所以，明清两代是外来作物传入中国的高峰期。辣椒传入中国时，人们发现其果实味道辣如花椒，便将其唤作"番椒"，意思是外国来的椒。番椒一名最早出现在明代高濂的《遵生八笺》中："番椒，丛生白花，子俨秃笔头，味辣色红，甚可观，子种。"有趣的是，这条内容被记载在"燕闲清赏笺·四时花纪"一节，也就是赏花篇里。这说明，辣椒在当时并非用于食用。这一时期传入中国的外来物种还有番麦、番茄、番薯、番瓜、番荔枝，等等。番椒这个称呼，虽没有番茄、番薯等用得长久，但依然是辣椒最早的学名。

以椒为名的外来物，还有大名鼎鼎的胡椒。它也因果实辛辣似花椒，而得椒名。不过"胡"字辈的外来物种，比如胡萝卜、胡瓜、胡桃、胡葱、胡蒜等比上文提到的"番"字辈植物进入中国要早很多。胡椒大约在晋代传入中国。

辣椒因为比花椒、胡椒更辛辣，有赛胡椒、赛川椒、辣胡椒等名称；又因是草本植物，比木本的花椒树、胡椒树矮，果实大于两椒，又被叫做地椒、地胡椒、大椒、大胡椒。

| 不一般的辛辣之味 |

《礼记·礼运》说人食五味——酸、苦、辛、甘、咸。后世人翻译成酸、甜、苦、辣、咸。不难看出，其中"甘"变成了"甜"，

而"辛"变成了"辛字旁"的"辣"。这是为什么呢？甘甜之变暂且不提，辛辣的转变大抵是因为，周朝时还没有辣椒，所以以"辛"作为具有刺激感的食物味道代表。这就不难理解，为何在西汉许慎的《说文解字》里有"辛"无"辣"。

甲骨文中的"辛"与"立"，都是一条横线加一个人，但上下颠倒："立"代表站在地上的人，"辛"则是脚顶着天的倒立的人。"逆天地者罪及五世"，因此"辛"的本义为罪犯。罪犯自然是要受刑的，单是倒悬的痛苦，想来就不怎么好受，这也就是"辛"的本义：苦热交杂的滋味。

东汉的《通俗文》说"辛甚曰辣"，意思是"辛"得很厉害叫"辣"。辣字一边是"辛"，另一边是"束"。甲骨文中，"束"指秋收时将禾秆捆扎起来，后衍生为"捆"，变成了量词。也就是说，从造字学来分析，"辣"不仅代表了一捆有辛味的植物，更深层次的含义是指充满了疼痛感的折磨。

有意思的是，现代科学发现，人的舌头上并没有能够品尝辣的味蕾。和酸甜之味不同，辣并不是一种滋味。辛辣植物中含有一种叫作"辣椒素"的纯天然的生物碱。辣椒素可以和我们哺乳动物体内感觉神经元的香草素受体亚型结合，从而产生一种灼烧的感觉。所以严格来说，这种"辣"不是一种味觉，而是一种痛觉。人接触辣椒素时会产生类似灼烧的痛感。这种痛感会让大脑以为我们的身体受伤了，继而分泌内啡肽。内啡肽被誉为"快乐激素"，具有放松神经、止痛的作用，可令人产生兴奋、舒适和欣快感。这也是人们吃辣会上瘾的内在原因——越辣越爽。

| 辣椒的那些名字 |

命名是件颇有学问的事情——抓住事物的特征并给予描述，这是人类认识纷繁世界的重要途径。对于辣椒的中文名，历代中国人根据辣椒的果实形态、性味、引入地或栽培地域，又结合了描摹、拟物或音译等方式，提出了40多种不同的称谓。

明万历年间辣椒首次出现在中国典籍里，被称为番椒；到了明嘉靖年间，河北地区地方志里有"辣角"这种地产蔬菜的记载。与之相邻的山西，从有记载开始，就一直使用"辣角"称呼辣椒。在云南、贵州、四川、湖南等地，清康熙年间的地方志往往将辣椒称作"海椒"。这说明辣椒来自海外，并非中国原产物。乾隆年间，番姜、番椒、辣茄等名称先后出现在台湾、福建、广东的地方志中。在东南沿海地区的方言里，"椒""姜""角""茄"的发音近似，辣椒有"椒""姜"之辛辣味，果实形如"角""茄"。这些叫法一方面源于音似，另一方面则源于辣椒果实的形态和性味。

甘肃、陕西、四川、贵州等地，从清乾隆时期起将辣椒俗称为"辣子"，至今还作为常用名使用。在云南、湖北地区，到了清末才开始使用辣子称呼辣椒。在新疆地区，称鲜辣椒为辣子，称呼干辣椒为"辣皮子"。"辣"代表性味，"子"作为词尾附着，意为"个头儿很小的东西"。民国时期，陕西、山东、甘肃的地方志曾出现洋椒、洋辣子的叫法。这里说的洋辣子并不是泛指辣椒，而是当时的一个辣椒新品种——其色赤红，其味极辣。

　　辣椒，这一具有独特口感的农作物，自明代传入我国，短短400年间，经历了观赏—药用—调味—蔬菜等身份的变化，抢占了花椒、姜、茱萸等我国传统辛味调料的地位，改变了我国很多地区人们的饮食偏好，并逐渐衍生出了酸辣、麻辣、胡辣等多种令人欲罢不能的菜肴口味。相信你一定体验过独特的辣椒带来的舌尖风暴。

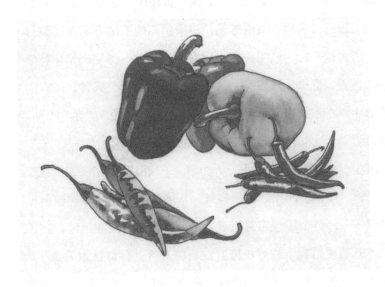

"不 务 正 业" 的 甜 椒

孙　涛

毫无疑问，辣椒的本职工作是给菜肴或食品增加辣味。但辣椒家族中偏偏有一位不务正业，那就是甜椒。

｜证据之一：辣度指数为 0｜

甜椒，俗名有柿子椒、灯笼椒、菜椒等。从"家谱"来看，甜椒是茄科辣椒属辣椒的一个变种。也就是说，甜椒和其他辣椒属于一家人，同宗同属。但这家伙不仅不辣，口感反而还有点甜。美国科学家韦伯·史高维尔（Wilbur L. Scoville）在 1912 年创造了评判辣椒辣度的单位，即史高维尔辣度指数。方法是将辣椒磨碎后，用糖水稀释，直到品尝者察觉不到辣味。用来稀释辣味的糖水倍数就代表了辣椒的辣度。

世界上辣度最高的龙息辣椒，辣度高达 248 万个史高维尔，朝天椒的辣度为 10 万个史高维尔，一般咱们吃的麻辣火锅的辣度为 1 000 个史高维尔。那甜椒的辣度是多少？是 0！您说，这

321

甜椒作为一种辣椒，是不是有点不务正业？

|证据之二：不是调料是配菜|

辣椒辣度高，所以在日常生活中，我们大部分人把辣椒作为调料来使用。而甜椒在我们的生活中，则跟其他蔬菜一样，要么凉拌生吃，要么作为配菜炒着吃。您说，这是不是不务正业？

|证据之三：颜值太高|

作为辣椒属的一员，甜椒过分在意外表。辣椒主要以绿色和红色为主。相对辣椒来讲，甜椒为了保证表皮更有弹性，所以长得个头较大，含水量也更大，看上去更加挺拔饱满。而且，甜椒的颜色特别丰富——红色、黄色、橘红色，等等，令人有赏心悦目之感。甜椒这么爱美，是不是有点不务正业？

|证据之四：抵御真菌的能力较弱|

植物学家研究发现，越辣的辣椒，抵御真菌的能力越强，而作为辣度指数为零的甜椒来讲，对真菌的防御指数也很低。如果不是现代栽培技术的进步，甜椒可能根本存活不了。

甜椒虽然作为辣椒属的一员有些"不务正业"，但是作为蔬菜来讲，它的营养价值却是不容小觑的。

┆ 维生素 C 含量很高 ┆

甜椒的维生素 C 含量为每百克可食部分 72 毫克，是橙子的 2 倍多。维生素 C 有利于胶原蛋白的合成，能够清除体内自由基，具有抗氧化、抗衰老的功效。

┆ 胡萝卜素含量较高 ┆

甜椒的胡萝卜素含量虽说比不上胡萝卜，但是在蔬菜中也是数一数二的了。胡萝卜素可以增强人体免疫力，尤其是对保护视力，预防夜盲症等有非常好的效果。

┆ 富含矿物质 ┆

甜椒中含有铁、铜、锰、硒、钾等矿物质，含量虽然不是很高，但是因为各有益成分所含比例较好，有利于发挥矿物质之间的协同作用，便于人体的吸收和利用。

┆ 富含膳食纤维 ┆

甜椒中富含膳食纤维，尤其是可溶性膳食纤维，有利于促进肠胃蠕动，缓解便秘，同时也有利于控制血糖和胆固醇。

总之，甜椒作为"辣椒"有点不务正业，但是作为蔬菜食用却是非常靠谱的。您可以经常适量食用。

黑白双雄话胡椒

杨玉慧

在印度西南部的滨海山区，藤蔓植物胡椒家族世世代代生活于此。家族中年纪最长、威望最高的长者，被大家尊称为胡老爹。胡老爹已记不清他们在这里到底生活了多少年，每棵藤蔓每年会结出多少子孙。

3 500 年前，有一队商船来到了这里，将一些胡椒家族的成员装上船，驶走了。胡老爹不会想到，此后他的子孙会遍布世界各地，他的家族在调味品的世界里，也获得了无尚的荣耀和尊贵。

每年到了繁殖季节，每一棵胡椒藤蔓上都会长出几厘米长的花穗，花穗里孕育着他们的下一代——一颗颗拥挤在一起的浆果。6 个月后，浆果逐渐长大，外皮由绿变成红色。整个山谷都弥漫着胡椒神秘又独特的香气。

胡氏家族的每一位子孙都带有家族遗传的香气，那是几十种含油树脂交织混合的味道——胡椒碱、哌啶、芳香醇、丁香烃、柠檬精油，等等。其中，胡椒碱是胡氏家族的独门秘籍，不仅香味独特，还具有良好的抗氧化性。直到 21 世纪的今天，食品界、医学界依然在探索胡椒碱的生物活性和药理作用。

胡老爹不关心人类的研究，他只关心孩子们的生长情况，并精心准备了成人礼——将稚嫩的果实变成香味无穷的黑白胡椒。

在浆果刚刚成熟，外皮依旧青绿的时候，胡老爹就将整个果穗采收下来，然后打穗，使果实从穗中脱落。他把这些浆果放到热水中浸泡几分钟，一是为了洗净，二是为了让热水的温度破坏果肉细胞，在接下来晾晒干燥的过程中，令青绿色的果实快速变为深褐色、黑色。以这种方式完成"变身"的胡椒叫做黑胡椒。

黑胡椒晾晒干燥需要的时间较长，胡老爹得静静等待，可他偏偏是个闲不住的人。于是，胡老爹背上竹篓又上山了。他这次摘回来的是已经红透了的、成熟的果子。他将浆果放入一个大桶，用清凉的湖水浸泡一周。在热带地区，一周的时间足以使成熟的果肉发酵、腐烂，最后与胡椒籽剥离。胡老爹这么做，就是为了用最快的方法抛弃果肉，得到胡椒籽。他捞出这些娃娃，将他们洗净，晾干。胡椒籽白白的，保留了最辛辣的辣味——也常混有一些由于果肉长时间发酵而产生的，类似马厩味道的霉味——这就是白胡椒。

黑白胡椒在众多的调味品中，堪称餐桌上的黑白双雄。

看那黑雄，由整枚果实制作而成，虽然肤色黑了一些，但是香气厚重而浓郁。

白雄则是由籽粒制作而成，貌美肤白，却是个不折不扣的烈性子，味道浓烈而刺激。

走出深山的黑白双雄，迅速征服了全世界。传说 1 700 年前，哥特人围困了罗马城，要求的贡品里，除了黄金、白银、丝绸等"贵重物品"外，竟然还索要了 3 000 磅（约 1360 千克）的胡椒。而在欧洲的历史上，唯一被当作货币来使用的调味品，就是黑胡椒。因此，黑胡椒一度被称为"黑色黄金"。

在中国，胡椒甚至作为"奢侈品"或"收藏品"而受到达官贵人的追捧。明朝著名的民族英雄于谦曾作诗说"胡椒八百斛，千载遗腥臊"，讲的就是唐朝的一位宰相，被抄家的时候竟然被抄出了 60 多吨胡椒。

如今，胡椒已经走下神坛，进入寻常百姓家。人们爱它们的香、辣，爱它们散寒、健胃、润肺、补脾的功效，爱它们夏天能够消暑，冬季可以驱寒。当然，作为调味料，黑白双雄最主要的作用是以辣味满足味蕾，并给肉食去腥解腻。当然，由于制作过程不一样，黑白双雄各有特点，在烹饪中的作用有所区别。

黑雄带有整个果实的原始香气，受热后香气易挥发，所以黑胡椒怕长时间加热。使用黑胡椒的最佳时机是在高温食物出锅之前撒上一些。比如煎牛排，在牛排刚刚煎好的时候撒上黑胡椒，然后立马起锅，用余热逼出黑胡椒中的部分香气。另一部分香气则在食客口中释放，热辣又温厚，让人欲罢不能。

白雄取自胡椒籽，抛弃了果肉，只留下果实最精华的部分，味道更加直白刺激，药用价值也更高。鱼汤、羊肉汤中放一些白胡椒粉，喝一口就可让人惊艳于那股热辣。

而在使用方面，有的人为了方便，直接买胡椒粉。研磨成粉的胡椒，香气物质直接与空气接触，只要放上一个月，香气便会流失大半。所以，为了防止香味过早挥发，一定要买小份胡椒粉，而且要尽快吃掉。

讲究一些的老饕，会买粒状胡椒。如果用胡椒粒腌渍食品或制作酱汁，就将整粒直接投入食物中，然后静静等待，让风味物质慢慢析出，再融入食物中。如果制作立即食用的菜品，则用研磨器磨碎胡椒粒，取其最天然，最新鲜的风味。如：取几颗胡椒粒，加热到稍微有点焦煳味，然后放入胡椒研磨器中，待菜上桌之前，转动研磨器，撒入胡椒。

除了胡椒粉，聪明的中国人还擅长制作胡椒酱，将胡椒粉与咸味酱汁和其他调味料混合，组成快捷方便的"调料包"，用作烤肉的蘸料，或者拌面酱，使得调味"一步到位"，非常符合现代社会的快节奏。而酱汁可以避免胡椒与空气直接接触，能够更好地保留香味物质。

黑白双雄称霸调味品世界多年，让胡老爹引以为豪。但他并不满足，希望能为胡椒家族再添新的荣耀。他发现，将距离成熟还有一周的果子采下，用二氧化硫处理脱水，能够保有其新鲜的绿色，和略带青涩的香气——绿胡椒。而将刚成熟的红色浆果用盐水和醋液浸泡，则可制成风味更加独特的粉红胡椒。

未来，胡老爹还会给子孙怎样更为有趣的成人礼，研制出哪些新品种胡椒呢？我们拭目以待！

辛香料的"温度"

　　说起辛香料，最常见的便是葱、姜、蒜。它们是中式烹饪里不可或缺的调味品，而且都有刺鼻的气味。但辛香料大军绝不止葱、姜、蒜这三位厨房小侠客，还有胡椒、辣椒、芥末、花椒、麻椒、大料、芫荽等。它们多具有辣味或独特的香味，且味道冲击力量极强，足以打败我们的嗅觉，撼动我们的味蕾。它们的脾气禀性可以归纳为"性温，味辛"。这个"温"与温度有关，却并不完全指温度。

｜祛风散寒｜

　　"性温，味辛"这充满古意的四个字，是传统中医学对植物性状的描述。植物共有寒、热、温、凉、平五种特性。"性温"这个特性所表达的意思是，当我们吃下这种植物后，它可以起到温通的作用，能让食用者感觉到暖意。所谓"味辛"，是指植物的味道。植物的味道也有五种，分别是酸、苦、甘、辛、咸。辣味属于辛，但"味辛"不全是指辣味。"味辛"的食物能行散，这股行与散的劲，助推着一股暖意直达食用者的体表，将寒气散开，帮助人体抵御寒邪。如果用现代医学解读，可理解为这类食材能够帮助血管扩张，加快血液循环，促进身体发热。

传统医学借助植物"性温，味辛"的这个特性，来达到冬季暖身驱寒治病的目的，这个过程被称为解表散寒。你在外感风寒，出现头疼、鼻流清涕、打喷嚏、怕冷等外感风寒症状后，巧用辛温的食材，可以消除体表的寒气，温暖受寒的胃部和足部。总之，全身都暖洋洋的。

| 快速起效的生姜 |

生姜的散寒效果可谓立竿见影，而且"出场"频率最高。生活中常见的祛寒饮品如姜丝可乐、红糖生姜水，做起来都非常简单：切少许姜丝或姜片，加可乐或水，煮沸三五分钟，盛入碗中。姜水必须趁热喝，能帮助人体取暖发汗——汗出即寒散。

冬季早晨上班是一件非常痛苦的事。很多人饿着肚子离开家，难免感觉更加冷。如果能接受生姜的辣味，每天早晨出门前，切片生姜，直接含在嘴里，就会觉得一股暖意从体内缓缓生发出来。如果不喜欢浓烈的生姜味，可以含服姜糖片。

| 祛寒力量较弱的葱白 |

大葱发汗力量较生姜弱，可用于轻微受寒。取带须根葱白2～

3 根煎水，趁热喝，汗出即可。食疗方有葱白粥，以粳米 50 克、连须葱白 2 根、淡豆豉 15 克为原料，加食盐少许熬煮成粥。葱白除了祛寒外，通鼻的作用也比较好。如果寒冷的天气里，感觉鼻塞，可以用葱白与红糖煮水喝。有一个食疗方叫生姜粥，取粳米 50 克，生姜 5 片，连须葱数茎，米醋适量。将生姜捣烂，与粳米同煮。粥将熟时加入葱、醋，稍煮即成。趁热服食，盖好被子让身体微微汗出，能够缓解伤风感冒的症状。

| 可以通窍的芥末 |

受寒感冒，最恼人的是鼻塞症状，不仅让人心烦，还大伤元气。幸好芥末有"独家功夫"。《本草纲目》记载："芥子，其味辛，其气散，故能利九窍……" 芥末又称芥子末，是将芥菜种子研磨而成的。国产芥末多为黄色。芥末不仅味道独特，还很辛辣钻鼻，能有效缓解鼻塞不通，催泪效果明显。受寒感冒引起鼻塞，可以尝试芥末香菜缓解。将香菜用热水焯烫，加适量白糖、醋、食盐和芥末调拌均匀，成菜开胃、通鼻。做法简单至极的生菜蘸芥末，也可以缓解鼻塞问题。此外，芥末还可开胃消食，温中利气，提升食欲。

| 胡椒粉与辣椒通力合作 |

辣就像女排里的自由人，跟谁都能搭配。胡椒虽辣度不强，但发散的力量不可小觑。颇具取暖祛寒功效的小吃胡辣汤，就是二者通力合作制成的佳肴，非常适合寒冷的时日里食用。冬日的清晨，喝上一大碗胡辣汤，一整天人都会感觉温暖。胡椒粉和辣椒面还常被放在羊肉汤里调味。羊肉本身也属温性，而且有补虚之效。在一个寒风凛冽的冬天，熬一锅羊肉汤，出锅后在汤里加上胡椒粉和辣椒面。美美地喝上一大碗，从心里到体表，每一个细胞都感觉温暖。

｜少见但有用的芫荽汤｜

芫荽即香菜，中药里称胡荽。香菜在调味品里算是个配角，基本上是出菜时点缀一下，蜻蜓点水似地撒在汤面上。芫荽可祛寒，可治鼻塞。祛寒时，芫荽可以与生姜搭档，一起煎水喝，只是这味道不知道有几人能承受得了。治疗鼻塞，可以将鲜香菜揉搓一下，直接塞到鼻子里。若单独用香菜煎汤祛寒，鲜品要放15～30克。

｜生吃才"有用"的大蒜｜

大蒜的味道太浓烈了，以至于很多人不敢吃。浓烈味道的大蒜辣素，具有特有的刺激性强臭，是一种植物杀菌素，但遇热后会失效。所以用大蒜杀菌，必须得是生的才行。大蒜素具有促进消化的作用，能够刺激胃黏膜，促进胃液分泌，并和食物中的维生素和蛋白质结合，使食物容易消化。它还能扩张血管，从而提升心脏供血能力，帮助维持身体表面温度。熟大蒜虽然养生功效降低，但是味道更香、更好吃。

| 麻辣火锅　英雄荟萃 |

没有什么比得上一锅热气腾腾、麻辣鲜香的火锅，更能让人体会到快意生活的真谛。讲麻辣火锅，就不能不谈四川。四川火锅之所以能成就今天的盛名，全赖于其产地独特的气候：四川盆地气候潮湿，自古以来就布满瘴疠之气。当地居民为了保养身体，用《本草纲目》记载的有入肺发汗、入脾暖胃的食材来去除瘴疠之气。这两个功效正是辛香料所具备的。所以，麻辣火锅是辛香料的英雄大荟萃，底料中有麻椒、辣椒、花椒、八角、葱、姜、蒜等。有了这样一锅"英雄荟萃"，什么样的湿气都会被赶走，何愁不暖？

从神坛、药铺到餐桌
——戏说姜黄

如果您是一名咖喱爱好者，那么一定会很享受各种香料混合所带来的辛香味道。那您是否了解是谁成就了咖喱，担任起这独特美味中的灵魂角色呢？尽管咖喱风靡全球，也在世界各地演化出不同的口味和配方版本，但在传统的印度咖喱中，能够同时提供辛辣味和咖喱代表性金黄色泽的主角依旧是：姜黄。今天，就请您听我"戏说姜黄"。

| 神坛圣物 |

姜黄是姜科姜黄属植物，与生姜一样，也是一种药食同源的食材，因其味道辛辣、颜色金黄而得名。说到颜色，相传印度僧人的僧袍原是白色，后来有位笃信佛教的公主，她提出用姜黄的根茎将佛教徒的僧袍、袈裟染成金黄色，寓意佛光普照、众生平安。由此，黄色袈裟作为佛教正统着装，流传至今。姜黄也因此走上神坛，与佛教结下不解之缘。时至今日，我国西双版纳的傣族人民还保留着用姜黄根茎将糯米饭染成金黄色后送进寺庙供佛的传统。这个传说颇有神话色彩，却很好地提示了姜黄作为植物色素的功能。事实上，姜黄在现代食品加工工艺中也是一种非常安全的食用色素，但因为性质不够稳定，尚未推广使用。

| 药铺小将 |

随着织造染色工艺的发展，姜黄卸下了为袈裟染色的神圣使命，但您若以为它除了此职，再无他任，那就小瞧它了。姜黄不光能当染料，还是一味好中药！传统医学称姜黄为"脾家血中之气药"，认为它具有行气活血、化瘀止痛之效，可治疗血瘀不通引起的胸腹胀痛、肩臂痹痛、月经不调或跌打损伤。《本草纲目》中记载："姜黄，行气活血，治风痹臂痛。"

时至今日，现代药理学研究也发现姜黄具有多方面的保健作用。姜黄中的姜黄素及类姜黄素是活性极强的多酚类物质，具有强大的抗氧化、抗炎、抗凝、降血脂等作用，并能通过多种途径预防肝纤维化的发生，因此有人尝试应用姜黄中的活性成分来治疗糖尿病、关节炎，以及其他慢性疾病。越来越多的研究表明姜黄素能帮助抑制肿瘤细胞增殖，诱导肿瘤细胞凋亡，从而增强抗癌药物作用。此外，还有研究者指出姜黄素对于预防和延缓阿尔茨海默病（即老年痴呆症）的发生、发展可能也有积极作用。由此看来，印度人骄傲地宣称咖喱能帮助减肥、抗癌、增强记忆力、防治老年痴呆等，大概所言非虚，怕是得益于姜黄的神奇作用。

｜防爆勇士｜

美国马萨诸塞大学的一项研究让人脑洞大开。研究结果发现，姜黄中的姜黄素有希望配合荧光光谱来探测出爆炸性化学物质，而基于姜黄开发的传感器甚至可以探测室内微量爆炸物。更让人振奋的是，整个探测过程成本相当低廉，使用到的器材大概包括姜黄、LED（发光二极管）灯、玻璃板、光波探测仪等，并且实验结果能有效降低误报率。据说，美国政府对这项研究寄予厚望，提供了资金资助。

说到这儿，咖喱迷们恐怕会振臂欢呼。吃咖喱不仅美味、营养，更能近距离地接触高大上的"防爆小勇士"。不过对于好吃的食客而言，最重要的还是美味。无论您喜欢原汁原味的印度咖喱，还是在此基础上衍生出的泰国绿咖喱、马来西亚牛肉咖喱、尼泊尔豆子咖喱、法国牛肉咖喱、斯里兰卡海鲜咖喱，都请注意不要长时间烹制，以免姜黄素在高温下分解，失去了原有的保健效果。

大蒜"黑化"论

杨传芝

"兄弟七八个,围着柱子坐,只要一分开,衣服就扯破。"今天,大蒜家族聚会,兄弟们看见我穿一件黑色的外衣,而且连内瓤都黑了,纷纷说我在"装蒜",要把我赶出去。其实,我黑蒜的"前世"也是大蒜,只不过那时我还没有被"黑化"。人人都喜欢白净的皮肤,我又为什么要变黑呢?这事说来话长,要从头细细说。

我的"前世"

我原本是个外来户,祖籍在亚洲中西部。据史书记载,我是在 2000 多年前的汉武帝时期,被出使西域的张骞带回中国的。那时,人们称我为"胡蒜"。"胡"字是进口产品的意思。冠名以"胡"字,示为外来物。比如:胡萝卜、胡瓜、胡豆等。渐渐地,我在华夏大地扎下了根,成了人们餐桌上的常客。生食,我的味道浓烈、辛辣、刺激,是人们饮食的调味剂,能够激发人类的食欲；炒菜爆香时，我又可以散发出浓郁的焦香味，给其他食材去腥提香，以至于很多美味佳肴都少不了我的身影。

除了在餐桌上小露一手，我还有很高的医用价值。印度医学的创始人查拉克对我给予过极高的评价，"大蒜的实际价值比黄金还高。"传统中医学说我性温、味辛辣，具有温中健胃、消食理气的功用。明代医家李时珍的《本草纲目》中也有关于我的记载："蒜入太阳、阳明，其气熏烈，能通五脏，达诸窍，去寒湿，辟邪恶，消痈肿，化癥积肉食，此其功也。"现代科学研究发现：我体内含有一种叫作"大蒜素"的成分，可以杀菌，还可以降低人体中血脂、血糖、胆固醇和三酰甘油的含量，并且对胃癌、肺癌、食管癌、结肠癌、直肠癌等有较好的预防作用。我还可以预防呼吸道和消化道疾病，民间有"只要三瓣蒜，痢疾好一半"的说法。

看见我有这么多好处，您现在是不是有吃掉我的冲动呢？愿望是美好的，但现实却很残酷。您见过有谁天天像嚼口香糖一样吃大蒜吗？没有。没人喜欢一张嘴就是满口的大蒜味。并且，由于我过于辛辣，食用过多还会刺激肠胃，引起腹痛。

虽然一白能遮百丑。但我这白净的样貌却唯独遮掩不了一丑——我的这股味。而我体内的硫化物则是制造辛辣刺激气味的幕后推手。研究表明：它可以促进人体肠道产生一种被称为"蒜臭素"的物质，通过增强人体免疫能力，阻断脂质过氧化形成及抗突变等多条途径，消除肠里毒素，降低罹患肠道肿瘤的危险。硫化物虽然有这么好的功用，可惜味道不被人们喜欢，阻碍了我大展鸿图。真可谓"成也萧何，败也萧何"。

| 我的"今生" |

随着食品科技的进步，人们开始想方设法地利用我们大蒜的营养功效，而避免蒜味给食用者带来的不便。日本科研人员利用发酵原理，研究出一种"黑化"新技术。经过发酵处理后，我们的硬度变小，身段变得更加柔软，易咀嚼。重要的是，人们食用后口中没有了异味。

制作黑蒜，要先选择饱满充实、无破损、无伤痕的大蒜为原料。将我们分别装到发酵盘里，整齐地摆好，不能叠压，送到发酵间进行发酵。发酵大体经历两个过程。一是厌氧发酵过程。即隔绝氧气，进行 15 天左右高温度高湿度处理。这段日子我过得很是憋屈，又热又闷，什么也干不了，只能激活体内酶素。第二阶段为有氧发酵阶段，该阶段需要 20～25 天。由于没有特别限制氧气，也不会增加温度和湿度，所以这段日子我过得比较舒心，可以尽情地释放自我。

经过两个阶段的发酵，我的品质发生了明显变化。部分蒜皮和蒜瓣分离，表皮变成褐色，蒜瓣变成黑色，水分散失大半，质量变轻，硬度降低，质地柔软。更值得欣喜的是，我没有了原来的辛辣味，有刺激味道的大蒜素已转化成为无蒜臭、低刺激性的 S-丙烯基麸氨基酸成分，口味变得酸甜，类似果脯，而且也不会对胃肠道造成刺激。我体内的大分子蛋白质分解为氨基酸，碳水化合物分解为小分子果糖，由大分子变成小分子，更加适宜于胃肠道的吸收和利用。

不仅如此，经过发酵变为黑蒜后，我的蛋白质和碳水化合物含量是白蒜的 2 倍以上，能量值比白蒜高近 20 倍。同时，我含有的多酚、多肽、超氧化物岐化酶、微量元素、维生素、膳食纤维等营养成分，数量较发酵前呈倍数增加。发酵后，经过彻底"黑化"的我功力大增，与原先那个"傻白辣"绝对不可同日而语。

作为保健食品，我的作用主要体现在以下几个方面：可以降低人体内血糖水平并增加血浆的胰岛素水平，影响肝脏中糖原的合成，防治糖尿病；可以提高人体免疫力，改善亚健康体质。我体内的脂溶性挥发油能显著提高巨噬细胞的吞噬机能，有增强免疫系统的作用；可以清除人体有害自由基，我的抗氧化能力是白蒜的 39 倍，可有效抗衰老；可以促进胃肠蠕动，又不刺激胃肠道。

| 我的味道 |

虽然我被"黑化"了，但我却一跃成为红人，成为人们喜爱的保健食物。每逢佳节探亲访友，我都会被送来送去，真不枉我们历经那么多磨难。

我们外观饱满圆滑，鲜有气泡，色泽均匀，略带有烘干的烤色，并且香味非常好闻，入口绵甜，回味无穷。高品质的黑蒜可以直接入口食用。每日吃上 3～5 瓣，不仅养生，还可以调味。

除日常直接入口食用，您还可以将我们入汤食用。用黑蒜和瘦肉炖汤，慢火炖 2～3 小时，汤味鲜美，香味扑鼻，营养又美味。炖鱼、煎肉、拌凉菜时，也可入放入两瓣黑蒜。我们经过发酵后味道醇香，能够极大地增加菜肴的美味。

紫苏品之中
功具神农述

李红珠

紫苏叶虽然是韩式烤肉、日式料理中的常见食材，然而它却是地道的"中国货"。从春秋时代开始，紫苏就已香飘华夏大地。紫苏不仅外形秀雅、香味诱人，而且具有一定祛寒止咳功效，真可谓集"颜值"与"才华"于一身。

平凡又不凡的"小草"

紫苏是唇形科一年生草本植物，古代称荏，也叫桂荏、苏麻、赤苏、皱叶苏等，因为有特别的芳香味道，所以又称香苏。《诗经·小雅·巧言》云："荏染柔木，君子树之。"紫苏对生长环境要求不高，我国各地都有栽培。

因品种不同，紫苏可分为叶子两面绿色，两面紫色，和上表面绿色、下表面紫色3个类型。夏天，紫苏会开出如同薰衣草一样的紫色花束。因其随遇而安，花语为平凡。秋天，当繁花落尽、草木枯萎时，紫苏因具有较高的营养价值，兼具去腥、增鲜、提味、增色、防腐等食用价值，而变得不再平凡。

汉代，张衡在《南都赋》中说"苏蔱紫姜，拂彻膻腥"，意思是紫苏、茱萸、生姜具有去腥除臭的功效。宋代的江城子词说道："吟配十年灯火梦，新米粥，紫苏汤。"古人以紫苏入食，有凉拌、蘸酱、做汤、拌饭、挂糊炸制等吃法。《尔雅》记载："取紫苏嫩茎叶，研汁煮粥，良，长服令人体白身香。"

| 鱼蟹肉类好搭档 |

紫苏有较好的预防鱼蟹中毒的作用。蒸蟹时垫之以紫苏叶，可以帮助食用者抵御螃蟹的阴寒之性，有助于消化。我国有多款以紫苏烹制鱼、蟹、肉类食材的名菜，如紫苏干烧鱼、紫苏鸭、紫苏百合炒羊肉、铜盆紫苏蒸乳羊等。据说，紫苏于公元794—1192年间，从中国传到日本，并成为日本料理尤其是生鱼片不可缺少的香料。人们以兼食紫苏帮助减少食用生鲜海产品带来的食物中毒风险。

紫苏叶含有紫苏醛等芳香物质，是一种高效的植物"防腐剂"。有实验证实：用鲜紫苏叶包裹鱼、肉等易腐的食物，将其放置在室内通风处，常温下可保存4~5天。在炎热的南方地区，在泡菜坛子里放入紫苏叶或其梗，可防止泡菜液中产生白色的霉菌。

| 一株草三味药 |

紫苏是香草，也是极佳的药食两用之品——我国首批公布的60 种药食同源类植物里就有它。紫苏叶入药最早载于南北朝时期的《名医别录》。宋朝人章甫的《紫苏》说道："紫苏品之中，功具神农述。为汤益广庭，调度宜同橘。结子最甘香，要待秋霜实。作腐罨粟然，加点须姜蜜。由兹颇知殊，每就畦丁乞。"此诗将紫苏的用法和功效进行了详细的总结。明代李时珍的《本草纲目》中记载："紫苏嫩时有叶，和蔬茹之，或盐及梅卤作菹食甚香，夏月作熟汤饮之。"

您若是在阳台种下一颗紫苏，就能收获 3 味中药：紫苏叶入药称苏叶，梗入药称苏梗，种子入药称苏籽。苏叶主治感冒风寒、恶寒发热、咳嗽气喘、胸腹胀满等，还可以解鱼、蟹等食物中毒。苏梗以理气舒肝、止痛为主要功效，可用来调理胃胀气。苏籽有下气消痰、润肺宽肠功效，主治咳喘、气滞、便秘等。炖鱼蒸蟹时放些紫苏叶，可镇咳解毒。炒田螺时，加入紫苏叶不仅能增添香味，还能解热散寒。

现代医学研究证实：紫苏含有多种化学成分，如挥发油、酚酸类、黄酮类、三萜类、花青苷类等。现代药理研究发现：紫苏具有抗病毒、抗过敏、调节血脂、保护肝脏、镇静、镇痛等药理作用。藿香正气口服液、通宣理肺片、儿童清肺片等都是含有紫苏成分的中成药制剂。

紫苏入食保安康

紫苏叶茶

原料：紫苏鲜叶 3～5 片，蜂蜜适量。

制法：将紫苏叶洗净沥水，放入杯中加开水冲泡，稍放凉后加入蜂蜜。

功效：紫苏茶有发散风寒的功效，适用于感冒风寒初期，鼻塞流涕，畏寒，全身酸痛的患者。更难得的是，此茶味道很好。

紫苏叶粥

原料：粳米 100 克，紫苏鲜叶 15 克，红糖适量。

制法：先将粳米煮成稀粥，粥熟后加入紫苏叶稍煮，加入红糖搅匀即成。

功效：适用于感冒引起的没有胃口、消化不良。

紫苏泡菜

材料：30 片鲜紫苏叶，泡菜、辣椒粉、蒜泥、盐、糖适量。

制法：把泡菜及所有调料置于盘中，把紫苏叶放在泡菜上，在叶子上面再盖一层泡菜及调料，腌制一夜。

功效：适用于体寒、食欲不振、身体疲劳者。